技工院校"十四五"规划计算机广告制作专业系列教材
中等职业技术学校"十四五"规划艺术设计专业系列教材

Adobe Illustrator CC 2018 软件应用

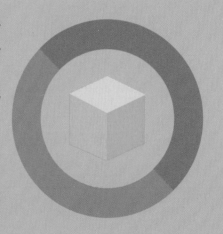

李谋超 孙广平 陈斯梅 刘洁 主编

邓梓艺 潘启丽 副主编

华中科技大学出版社
http://www.hustp.com
中国·武汉

内容提要

　　本书根据计算机制作专业市场的岗位工作要求，结合专业基本知识和专业技能编写而成。本书主要内容包括图形绘制技能实训、编辑对象技能实训、文字排版与图表制作技能实训、画笔与符号技能实训等。本书贯彻工学结合的人才培养理念，结合项目教学法，重点突出理论知识与技能操作相结合的教学目标。本书可作为技工学校广告设计专业教材，也可作为广告设计从业人员的培训用书。

图书在版编目（CIP）数据

Adobe Illustrator CC 2018 软件应用 / 李谋超等主编 . — 武汉：华中科技大学出版社，2022.6
ISBN 978-7-5680-8268-6

Ⅰ . ① A… Ⅱ . ①李… Ⅲ . ①图形软件 – 教材 Ⅳ . ① TP391.412

中国版本图书馆 CIP 数据核字 (2022) 第 103138 号

Adobe Illustrator CC 2018 软件应用
Adobe Illustrator CC 2018 Ruanjian Yingyong

李谋超 孙广平 陈斯梅 刘洁 主编

策划编辑：金　紫

责任编辑：周怡露

装帧设计：金　金

责任监印：朱　玢

出版发行：华中科技大学出版社（中国·武汉）　　　电　　话：（027）81321913
　　　　　武汉市东湖新技术开发区华工科技园　　　邮　　编：430223

录　　排：天津清格印象文化传播有限公司

印　　刷：湖北新华印务有限公司

开　　本：889mm×1194mm　1/16

印　　张：8.5

字　　数：260 千字

版　　次：2022 年 6 月第 1 版第 1 次印刷

定　　价：49.80 元

技工院校"十四五"规划计算机广告制作专业系列教材
中等职业技术学校"十四五"规划艺术设计专业系列教材
编写委员会名单

● 编写委员会主任委员

文健（广州城建职业学院科研副院长）　　　　　　宋雄（广州市工贸技师学院文化创意产业系副主任）

叶晓燕（广东省城市技师学院环境设计学院院长）　张倩梅（广东省城市技师学院文化艺术学院院长）

周红霞（广州市工贸技师学院文化创意产业系主任）吴锐（广州市工贸技师学院文化创意产业系广告设计教研组组长）

黄计惠（广东省轻工业技师学院工业设计系教学科长）汪志科（佛山市拓维室内设计有限公司总经理）

罗菊平（佛山市技师学院艺术与设计学院副院长）　林姿含（广东省服装设计师协会副会长）

吴建敏（东莞市技师学院商贸管理学院服装设计系主任）蔡建华（山东技师学院环境艺术设计专业部专职教师）

赵奕民（阳江市第一职业技术学校教务处主任）　石秀萍（广东省粤东技师学院工业设计系副主任）

● 编委会委员

陈杰明、梁艳丹、苏惠慈、单芷颖、曾铮、陈志敏、吴晓鸿、吴佳鸿、吴锐、尹志芳、陈思彤、曾洁、刘毅艳、杨力、曹雪、高月斌、陈矗、高飞、苏俊毅、何淦、欧阳敏琪、张琮、冯玉梅、黄燕瑜、范婕、杜聪聪、刘新文、陈斯梅、邓卉、卢绍魁、吴婧琳、钟锡玲、许丽娜、黄华兰、刘筠烨、李志英、许小欣、吴念姿、陈杨、曾琦、陈珊、陈燕燕、陈媛、杜振嘉、梁露茜、何莲娣、李谋超、刘国孟、刘芊宇、罗泽波、苏捷、谭桑、徐红英、阳彤、杨殿、余晓敏、刁楚舒、鲁敬平、汤虹蓉、杨嘉慧、李鹏飞、邱悦、冀俊杰、苏学涛、陈志宏、杜丽娟、阳丽艳、黄家岭、冯志瑜、丛章永、张婷、劳小芙、邓梓艺、龚芷玥、林国慧、潘启丽、李丽雯、赵奕民、吴勇、刘洁、陈玥冰、赖正媛、王鸿书、朱妮迈、谢奇肯、杨晓玲、吴滨、胡文凯、刘灵波、廖莉雅、李佑广、曹青华、陈翠筠、陈细佳、代蕙宁、古燕苹、胡年金、荆杰、李津真、梁泉、吴建敏、徐芳、张秀婷、周琼玉、张晶晶、李春梅、高慧兰、陈婕、蔡文静、付盼盼、谭珈奇、熊洁、陈思敏、陈翠锦、李桂芳、石秀萍、周敏慧、邓兴兴、王云、彭伟柱、马殷睿、汪恭海、李竞昌、罗嘉劲、姚峰、余燕妮、何蔚琪、郭咏、马晓辉、关仕杰、杜清华、祁飞鹤、赵健、潘泳贤、林卓妍、李玲、赖柳燕、杨俊龙、朱江、刘珊、吕春兰、张焱、甘明坤、简为轩、陈智盖、陈佳宜、陈义春、孔百花、何旭、刘智志、孙广平、王婧、姚歆明、沈丽莉、施晓凤、王欣苗、陈洁冬、黄爱莲、郑雁、罗丽芬、孙铁汉、郭鑫、钟春琛、周雅靓、谢元芝、羊晓慧、邓雅升、阮燕妹、皮添翼、麦健民、姜兵、童莹、黄汝杰、薛晓旭、陈聪、邝耀明、童莹

● 总主编

文健，教授，高级工艺美术师，国家一级建筑装饰设计师。全国优秀教师，2008 年、2009 年和 2010 年连续三年获评广东省技术能手。2015 年被广东省人力资源和社会保障厅认定为首批广东省室内设计技能大师，2019 年被广东省教育厅认定为建筑装饰设计技能大师。中山大学客座教授，华南理工大学客座教授，广州大学建筑设计研究院室内设计研究中心客座教授。出版艺术设计类专业教材 120 种，拥有具有自主知识产权的专利技术 130 项。主持省级品牌专业建设、省级实训基地建设、省级教学团队建设 3 项。主持 100 余项室内设计项目的设计、预算和施工，项目涉及高端住宅空间、办公空间、餐饮空间、酒店、娱乐会所、教育培训机构等，获得国家级和省级室内设计一等奖 5 项。

合作编写单位

（1）合作编写院校

广州市工贸技师学院
佛山市技师学院
广东省城市技师学院
广东省轻工业技师学院
广州市轻工技师学院
广州白云工商技师学院
广州市公用事业技师学院
山东技师学院
江苏省常州技师学院
广东省技师学院
台山敬修职业技术学校
广东省国防科技技师学院
广州华立学院
广东省华立技师学院
广东花城工商高级技工学校
广东岭南现代技师学院
广东省岭南工商第一技师学院
阳江市第一职业技术学校
阳江技师学院
广东省粤东技师学院
惠州市技师学院
中山市技师学院
东莞市技师学院
江门市新会技师学院
台山市技工学校
肇庆市技师学院
河源技师学院
广州市蓝天高级技工学校
茂名市交通高级技工学校
广州城建技工学校
清远市技师学院
梅州市技师学院
茂名市高级技工学校
汕头技师学院
广东省电子信息高级技工学校
东莞实验技工学校
珠海市技师学院
广东省机械技师学院
广东省工商高级技工学校
深圳市携创高级技工学校
广东江南理工高级技工学校
广东羊城技工学校
广州市从化区高级技工学校
肇庆市商业技工学校
广州造船厂技工学校
海南省技师学院
贵州省电子信息技师学院
广东省民政职业技术学校
广州市交通技师学院
广东机电职业技术学院
中山市工贸技工学校
河源职业技术学院
山东工业技师学院
深圳市龙岗第二职业技术学校

（2）合作编写组织

广州市赢彩彩印有限公司
广州市壹管念广告有限公司
广州市璐鸣展览策划有限责任公司
广州波镨展览设计有限公司
广州市风雅颂广告有限公司
广州质本建筑工程有限公司
广东艺博教育现代化研究院
广州正雅装饰设计有限公司
广州唐寅装饰设计工程有限公司
广东建安居集团有限公司
广东岸芷汀兰装饰工程有限公司
广州市金洋广告有限公司
深圳市千千广告有限公司
广东飞墨文化传播有限公司
北京迪生数字娱乐科技股份有限公司
广州易动文化传播有限公司
广州市云图动漫设计有限公司
广东原创动力文化传播有限公司
菲逊服装技术研究院
广州珈钰服装设计有限公司
佛山市印艺广告有限公司
广州道恩广告摄影有限公司
佛山市正和凯歌品牌设计有限公司
广州泽西摄影有限公司
Master 广州市熳大师艺术摄影有限公司

序言

技工教育和中职中专教育是中国职业技术教育的重要组成部分，主要承担培养高技能产业工人和技术工人的任务。随着"中国制造2025"战略的逐步实施，建设一支高素质的技能人才队伍是实现规划目标的必备条件。如今，国家对职业教育越来越重视，技工和中职中专院校的办学水平已经得到很大的提高，进一步提高技工和中职中专院校的教育、教学和实训水平，提升学生的职业技能，弘扬和培育工匠精神，已成为技工院校和中职中专院校的共同目标。而高水平专业教材建设无疑是技工院校和中职中专院校教育特色发展的重要抓手。

本套规划教材以国家职业标准为依据，以综合职业能力培养为目标，以典型工作任务为载体，以学生为中心，根据典型工作任务和工作过程设计教学项目和学习任务。同时，按照工作过程和学生自主学习的要求进行内容设计，实现理论教学与实践教学合一、能力培养与工作岗位对接合一、实习实训与顶岗工作合一。

本套规划教材的特色在于，在编写体例上与技工院校倡导的"教学设计项目化、任务化，课程设计教、学、做一体化，工作任务典型化，知识和技能要求具体化"紧密结合，体现任务引领实践的课程设计思想，以典型工作任务和职业活动为主线设计教材结构，以职业能力培养为核心，将理论教学与技能操作相融合作为课程设计的抓手。本套规划教材在理论讲解环节做到简洁实用、深入浅出；在实践操作训练环节体现以学生为主体的特点，创设工作情境，强化教学互动，让实训的方式、方法和步骤清晰，可操作性强，并能激发学生的学习兴趣，促进学生主动学习。

本套规划教材由全国50余所技工院校和中职中专院校广告设计专业共60余名一线骨干教师与20余家广告设计公司一线广告设计师联合编写。校企双方的编写团队紧密合作，取长补短，建言献策，让本套规划教材更加贴近专业岗位的技能需求，也让本套规划教材的质量得到了充分的保证。衷心希望本套规划教材能够为我国职业教育的改革与发展贡献力量。

技工院校"十四五"规划计算机广告制作专业系列教材
中等职业技术学校"十四五"规划艺术设计专业系列教材

总主编

教授 / 高级技师 **文健**

2021年5月

前　言

　　本书是以国家职业标准为依据编写的一体化教材，主要以培养综合职业能力为目标，根据典型工作任务设计课程内容，并按照知识点难易程度逐步递进，合理安排学习任务和技能实训，实现了理论教学与实践教学的融通合一，能力培养与岗位的对接合一。本书的课程定位与方向、课程内容与要求、教学过程与评价都突出了对学生的综合职业能力培养，重视培养学生的动手能力和独立思考能力，尤其注重培养学生的专业能力、方法能力和社会能力，并结合专业特点，注重启发式教学，充分调动学生的积极性，把专业领域的新技术、新工艺融入其中。本书中的技能实训围绕岗位核心技能展开，注重职业精神和职业素养的培养，能让学生快速掌握Adobe Illustrator CC 2018 软件的操作方法。

　　本书是一本广告设计专业的软件类教材，本教材侧重于案例教学，通过案例实训逐步加深对知识点的理解，由浅入深、层层递进，注重实用性，内容主要包括图形绘制技能实训、编辑对象技能实训、文字排版与图表制作技能实训、画笔与符号技能实训和综合案例技能实训等。本教材贯彻工学结合的人才培养理念，结合项目教学法，教学活动的设计科学有效。

　　本书项目一和项目六由广东省城市技师学院邓梓艺老师和广东省国防科技技师学院潘启丽共同编写，项目二由广东省轻工业技师学院李谋超编写，项目三由江苏省常州技师学院孙广平编写，项目四由广东花城工商高级技工学校陈斯梅编写，项目五由广东省国防科技技师学院刘洁编写。由于作者水平有限，书中错误和不足之处在所难免，恳请广大读者批评指正。

李谋超

2022 年 5 月

课时安排（建议课时 88）

项目	课程内容		课时	
项目一 认识 Adobe Illustrator CC 2018	学习任务一 Adobe Illustrator CC 2018 的功能	2		4
	学习任务二 Adobe Illustrator CC 2018 工作界面概述	2		
项目二 图形绘制技能实训	学习任务一 矩形工具和圆角矩形工具	4		20
	学习任务二 椭圆工具和多边形工具	4		
	学习任务三 渐变填充工具和网格填充工具	4		
	学习任务四 路径查找器工具	4		
	学习任务五 钢笔工具	4		
项目三 编辑对象技能实训	学习任务一 对齐、分布、排列、旋转	4		20
	学习任务二 形状生成器和实时上色工具	4		
	学习任务三 透视网格工具	4		
	学习任务四 混合工具和封套扭曲工具	4		
	学习任务五 3D 效果	4		
项目四 文字排版与图表制作技能实训	学习任务一 文字工具、区域文字工具、外观面板	4		16
	学习任务二 路径文字工具和文本绕排	4		
	学习任务三 文字排版	4		
	学习任务四 图表制作工具	4		
项目五 画笔与符号技能实训	学习任务一 画笔工具和画笔面板	4		12
	学习任务二 图案画笔和散点画笔	4		
	学习任务三 符号面板和符号喷枪工具	4		
项目六 综合案例技能实训	学习任务一 标志设计案例实训	4		16
	学习任务二 字体设计案例实训	4		
	学习任务三 书籍封面设计案例实训	4		
	学习任务四 POP 海报设计案例实训	4		

目 录

项目一
认识 Adobe Illustrator CC 2018

学习任务 一 Adobe Illustrator CC 2018 的功能

教学目标

（1）专业能力：了解 Adobe Illustrator CC 2018 的新增功能。

（2）社会能力：具备一定的软件操作能力。

（3）方法能力：能多问、多思、勤动手，能理论结合实践。

学习目标

（1）知识目标：了解 Adobe Illustrator CC 2018 的新增功能及其用法。

（2）技能目标：能熟练掌握 Adobe Illustrator CC 2018 的新增功能。

（3）素质目标：培养信息汇总及分类整理能力，做到自主学习、举一反三。

教学建议

1. 教师活动

（1）热爱学生，技能精湛，熟悉 Adobe Illustrator CC 2018 的新增功能。

（2）做教案课件，分类讲解 Adobe Illustrator CC 2018 的新增功能。

（3）讲解清晰，能指导学生进行 Adobe Illustrator CC 2018 的新增功能实训。

2. 学生活动

（1）课前活动：看书，预习，了解 Adobe Illustrator CC 2018 的新增功能。

（2）课堂活动：听讲，看教师示范 Adobe Illustrator CC 2018 新增功能的操作方法。

（3）课后活动：总结，做笔记，写步骤，举一反三。

一、学习问题导入

各位同学，大家好！本次课我们一起来学习 Adobe Illustrator CC 2018 的新增功能及其操作方法。Adobe Illustrator CC 2018 软件与之前版本相比，在属性面板、变形工具、画板管理等方面新增了一些功能，接下来对新增功能分别进行介绍。

二、学习任务讲解与技能实训

1. 智能属性面板

Adobe Illustrator CC 2018 优化了属性面板。当你选择某一个图层的时候，它会把常用的几个功能在属性面板统一列出来，对于图形的一些调整、变化和操作，可以在一个属性面板里面完成，如图 1-1 所示。

没选择对象的时候，它也呈现出属性面板，呈现的是文档的属性，如标尺与网格、参考线等，之前版本需要使用快捷键调出，现在版本都可以直接在面板内选择执行。如图 1-2 所示为属性面板。

智能属性面板是 Adobe Illustrator CC 2018 的最大更新，在执行某个任务时，可以更加快捷方便地操作。比如选择一个路径，变换面板和外观面板将会出现，实现缩放、旋转、翻转等操作。同时，利用智能属性面板也很容易修改描边颜色和制作特效。另外，在快速操作面板，可以一键调用各种功能，比如重新着色、扩展形状或对齐像素网格，如图 1-3 所示。

图 1-1

图 1-2

图 1-3

2. 新增工具

Adobe Illustrator CC 2018 新增了一个操控变形工具，如图 1-4 所示。操控对象原本是 Photoshop 中的功能，在 Adobe Illustrator CC 2018 首次出现。使用这个工具可以整体调整矢量图形，而不是单独操控某个路径或锚点。这个功能对于人物绘制或动画绘制来说是非常实用的功能，可以快速轻松自然地改变姿势，大大提高工作效率。具体如图 1-4 和图 1-5 所示。

图 1-4

图 1-5

3. 更多画板和更强大的画板管理

Adobe Illustrator CC 2018 允许创建多达 1000 个画板，还可以一次性选择多个画板，并使用对齐工具快速组织它们。如图 1-6 所示为创建的多个画板。

Adobe Illustrator CC 2018 的字体修改功能更加方便，如图 1-7 所示。

4. 新增字体修改功能

Adobe Illustrator CC 2018 新增 OpenType 变量字体。这个功能只针对一些特殊的 OpenType 字体，字体的重量、宽度和倾斜度可以随意定制，但不是所有字体都可以调整，如图 1-8 所示。

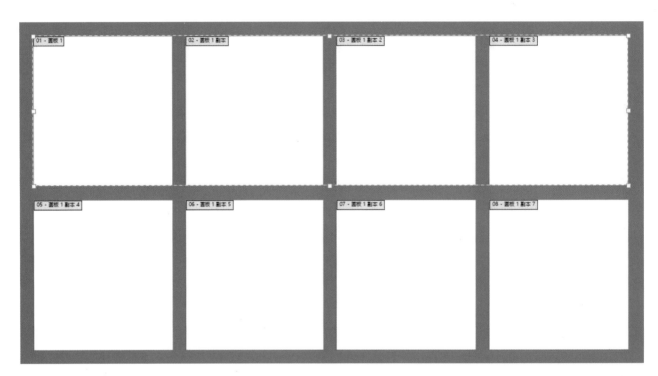

图 1-6

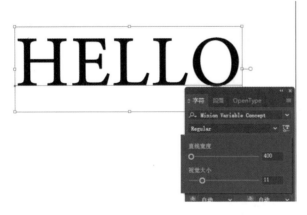

图 1-7

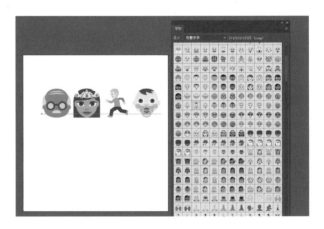

图 1-8

5. 资源导出

Adobe Illustrator CC 2018 只需将图稿拖动到"资源导出"面板，就可以将其作为单个资源或多个资源导出，如图 1-9 所示。

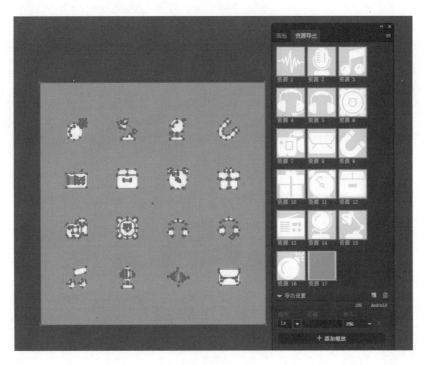

图 1-9

6. 其他改进之处

（1）自由渐变：全新的混色功能可以创建更丰富、逼真的渐变，从而呈现出更自然的效果。

（2）导入多页面 PDF：在一次性导入一个 PDF 的所有页面时节省时间，可以选择页面范围或选择多个单独的页面。

（3）SVG 彩色字体：受益于对 SVG OpenType 字体的支持，可以对具有多种颜色、渐变效果和透明度的字体进行设计。

（4）MacBook Pro Touch Bar 支持：在上下文 MacBook Pro Touch Bar 上即时访问需要使用的核心工具。

三、学习任务小结

通过本次任务的学习，同学们基本掌握了 Adobe Illustrator CC 2018 软件的新增功能及其用法。理论讲解和课堂实训使同学们对 Adobe Illustrator CC 2018 软件更有全面的认识。课后，大家要针对本次任务所学技能进行反复练习，做到熟能生巧。

四、课后作业

安装 Adobe Illustrator CC 2018 软件，并练习使用其新增功能。

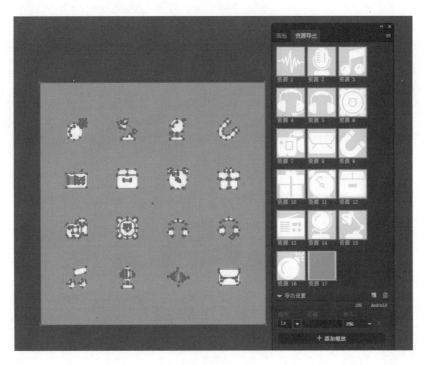

学习任务

Adobe Illustrator CC 2018
工作界面概述

教学目标

（1）专业能力：了解 Adobe Illustrator CC 2018 的工作界面构成。

（2）社会能力：具备一定的软件操作能力。

（3）方法能力：能多问、多思、勤动手，将理论知识与实践操作紧密结合。

学习目标

（1）知识目标：了解 Adobe Illustrator CC 2018 的工作界面内容和使用方法。

（2）技能目标：能熟练操作 Adobe Illustrator CC 2018 工作界面中的各种工具。

（3）素质目标：培养信息汇总及分类整理能力，做到自主学习、举一反三。

教学建议

1. 教师活动

（1）热爱学生，技能精湛，熟悉 Adobe Illustrator CC 2018 的工作界面。

（2）制作教案课件，分步骤讲解 Adobe Illustrator CC 2018 的工作界面。

（3）讲解清晰，指导学生进行 Adobe Illustrator CC 2018 的工作界面操作实训。

2. 学生活动

（1）课前活动：看书，预习 Adobe Illustrator CC 2018 工作界面的知识。

（2）课堂活动：听教师讲解 Adobe Illustrator CC 2018 工作界面的使用方法。

（3）课后活动：总结，做笔记，写步骤，举一反三。

一、学习问题导入

Adobe Illustrator CC 2018 软件作为一款矢量图形处理工具，提供了丰富的像素描绘功能和灵活的矢量图编辑功能，可以为线稿提供较高的精度和控制，主要应用于印刷出版、海报书籍排版、专业插画、多媒体图像处理和互联网页面的制作等领域。下面我们一起来学习 Adobe Illustrator CC 2018 的工作界面构成。

二、学习任务讲解与技能实训

1. 启动 Adobe Illustrator CC 2018

用鼠标双击 Adobe Illustrator CC 2018 图标，或选择"开始"—"所有程序"—"Adobe Illustrator CC 2018"命令，可启动软件。启动界面如图 1-10 所示。

在界面中执行"新建"命令，或按下 Ctrl+N 组合键，打开"新建文档"对话框，可根据需要编辑文档的标题、尺寸、出血、色彩模式等相关信息。具体如图 1-11 所示。

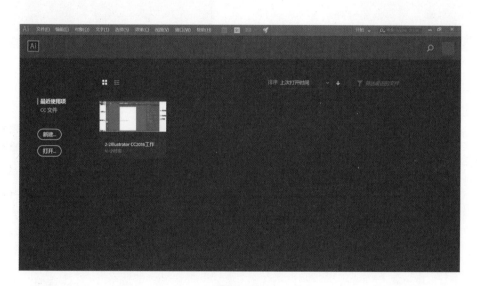

图 1-10

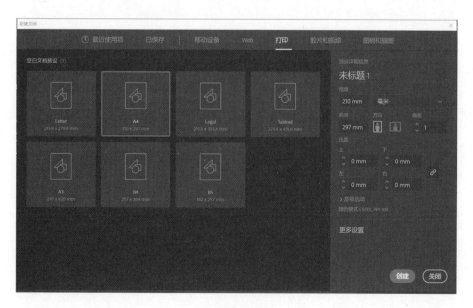

图 1-11

2. Adobe Illustrator CC 2018 的工作界面

Adobe Illustrator CC 2018 的工作界面包含菜单栏、控制面板、标题栏、工具箱、浮动面板、属性面板、页面区域、状态栏、滚动条等，如图 1-12 所示。

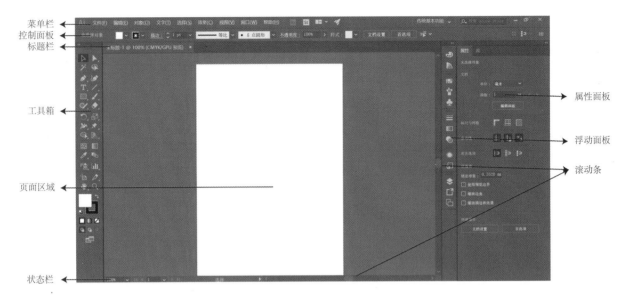

图 1-12

（1）菜单栏。

菜单栏位于 Adobe Illustrator CC 2018 工作界面顶部，它左侧包含了文件、编辑、对象、文字、选择、效果、视图、窗口和帮助 9 个菜单选项。右侧可选择的工作显示界面：Web、上色、传统基本功能、基本功能等，如图 1-13 所示。

当选择一个图形对象后，在菜单栏下方的控制面板中就会显示该对象的属性和参数。控制面板根据所选工具和对象的不同显示不同的内容，利用它来对图形进行编辑和操作，将鼠标光标移至控制面板最左侧，按住鼠标左键并拖动，可将控制面板移至任意位置。

（2）标题栏。

标题栏位于控制面板下方，左侧显示当前文档的名称，右侧是窗口的关闭按钮。将鼠标光标移至标题栏，按住鼠标左键并拖动，可将文档移至任意位置。

（3）工具箱。

工具箱位于工作界面的左侧，其包含了用于绘制和编辑图形的工具。若要移动工具箱，拖曳工具栏上方即可。

（4）浮动面板。

浮动面板在"传统基本功能"工作界面下，一般以图标的形式摆放在工作界面的右侧，主要用于工具的详细编辑操作。打开浮动面板可从"菜单栏"—"窗口"中选择相应的命令；将鼠标移到浮动面板图标处，单击鼠标右键即可关闭浮动面板。

（5）属性面板。

属性面板位于工作界面最右侧，选中所需编辑对象后，可在属性面板中查看和编辑对象，如对象类型、变换、外观等。

图 1-13

（6）页面区域。

页面区域即的工作区域，用来绘制、编辑和处理图形。以黑色实线框为分界，白色区域部分为画板区域，导出"JPEG"格式文件时可框选"使用画板"。

（7）状态栏。

状态栏位于工作界面的最下方，显示当前文档视图比例、所在页面及现使用工具。在显示比例中可输入数值调整图像的显示比例。

（8）滚动条。

移动文档显示过大时，可拖曳滚动条对整个文档对象进行浏览。

3. 存储与导出文档

（1）存储文档。

在使用 Adobe Illustrator CC 2018 软件制作完成文档后，执行"文件"—"存储为"命令，在"存储为"对话框里选择"Adobe Illustrator(*.AI)"保存格式，选择存储位置、输入文件名称，单击"保存"按钮即可存储文档。具体如图 1-14 所示。

图 1-14

（2）导出文档。

为了在其他阅图工具中浏览 Adobe Illustrator CC 2018 软件所绘制的图形图像，可执行"文件"—"导出"—"导出为"命令，打开"导出"对话框，如图 1-15 所示。在"导出"对话框中指定文档的保存位置、输入文件名、选择文档的保存类型，点击"保存"按钮即可导出文档。

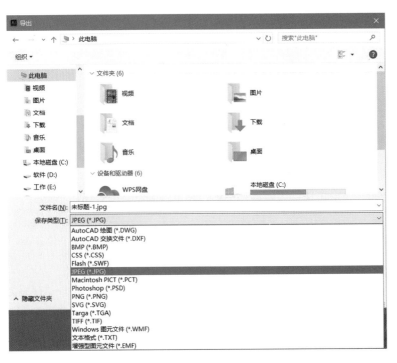

图 1-15

三、学习任务小结

本次任务主要学习了 Adobe Illustrator CC 2018 的工作界面的具体操作，并对其工作页面进行了操作技能实训。课后，同学们要反复练习本次任务所学技能，做到熟能生巧，提高软件绘制的效率。

四、课后作业

将图 1-16 存储到桌面，并导出"JPEG"格式文件。

图 1-16

项目二
图形绘制技能实训

矩形工具和圆角矩形工具

教学目标

（1）专业能力：能用多种方式调用矩形工具和圆角矩形工具；能用矩形工具和圆角矩形工具绘制图形；能使用属性栏调整矩形工具和圆角矩形工具的相关内容。

（2）社会能力：具备图形分析能力，能把复杂的图形分解成简单的几何图形，并利用矩形工具或圆角矩形工具来完成，从而提高绘图效率。

（3）方法能力：能认真思、做笔记，及时与老师同学沟通，课上多练，课下复习知识点，加深对所学知识点的理解。

学习目标

（1）知识目标：掌握矩形工具与圆角矩形工具的调用方式、绘制方法和绘制技巧。

（2）技能目标：能在教师的指导下进行矩形工具与圆角矩形工具的技能实训。

（3）素质目标：自主学习、勤加练习、举一反三。

教学建议

1. 教师活动

（1）讲解矩形工具和圆角矩形工具的知识点、分解步骤、实例示范、布置作业。

（2）做到逻辑清晰、突出重点、时间分配合理，调动学生学习矩形工具和圆角矩形工具实训的积极性。

（3）结合岗位技能要求，组织学生进行矩形工具和圆角矩形工具技能实训。

2. 学生活动

（1）课前活动：看书，预习矩形工具和圆角矩形工具知识点，记录问题。

（2）课堂活动：听讲，做笔记，认真聆听教师讲解矩形工具和圆角矩形工具的知识点。

（3）课后活动：总结，反复练习矩形工具和圆角矩形工具的操作方法。

（4）专业活动：在教师的指导下进行矩形工具和圆角矩形工具的技能实训。

一、学习问题导入

任何复杂图形都是由点、线、面通过各种工具、命令绘制而成的，同学们要学会把复杂图形拆解成相似的、简单的几何图形，这就需要用到矩形工具和圆角矩形工具。利用这两个工具结合菜单栏、工具栏、属性栏和快捷菜单，可以绘制出多种图形。本次学习任务就是通过实例来学习矩形工具和圆角矩形工具的具体操作方法。

二、学习任务讲解与技能实训

1. 矩形工具案例实训：信封绘制

（1）启动 Adobe Illustrator CC 2018 软件，执行"新建"文档命令。预设详细信息：宽度为 297mm，高度为 210mm，横向，出血为 3mm，色彩模式为 CMYK，PPI 为 300。设置完成后单击"创建"按钮，如图 2-1 所示。

（2）鼠标左键单击工具箱的"矩形工具" ▣，在弹出的对话框中设置参数：宽度为 220mm，高度为 110mm，如图 2-2 所示。得到的矩形框如图 2-3 所示。

（3）鼠标左键单击工具箱的"矩形工具" ▣，在弹出的对话框中设置参数：宽度为 18mm，高度为 18mm，如图 2-4 所示。得到的矩形框如图 2-5 所示。

图 2-1

图 2-2

图 2-3

图 2-4

图 2-5

（4）左键点击工具箱的"选择工具" ▶，按住 Alt 键，左键拖动矩形，再按住 Shift 键平移并复制图形。如图 2-6 所示。

（5）按 Ctrl+D 键重复上一次步骤，如图 2-7 所示。

（6）按住 Alt 键，左键拖动矩形同时按住 Shift 键平移并复制图形，再按住 Shift 键拖动矩形的对角，等比例缩放矩形，如图 2-8 所示。

（7）按住 Alt 键，左键拖动矩形再按住 Shift 键平移并复制图形，如图 2-9 所示。

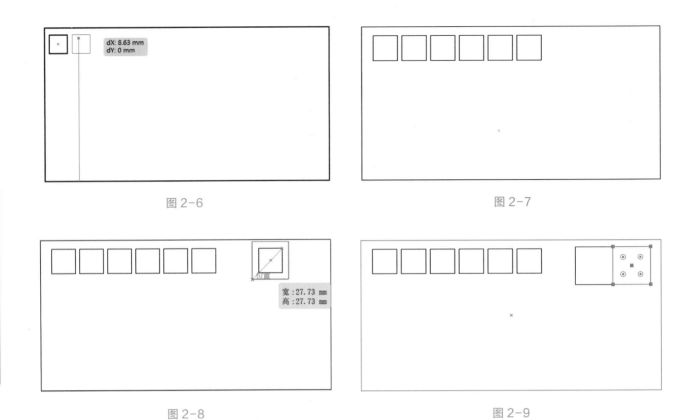

图 2-6

图 2-7

图 2-8

图 2-9

（8）选择工具箱的"文字工具" T ，输入文字，按 Enter 键换行，如图 2-10 所示。

（9）左键点击工具箱的"直线段工具" ，按住 Shift 键画直线，如图 2-11 所示。

（10）左键点击工具箱的"选择工具" ，按住 Alt 键，左键拖动矩形，再按住 Shift 键平移并复制图形，如图 2-12 所示。

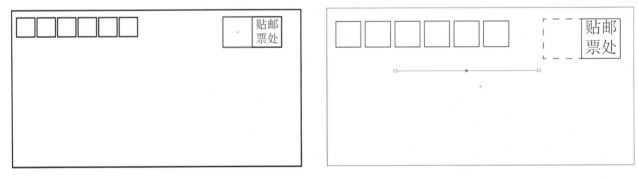

图 2-10

图 2-11

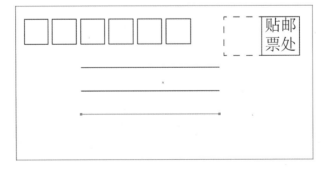

图 2-12

（11）点击工具箱"矩形工具" 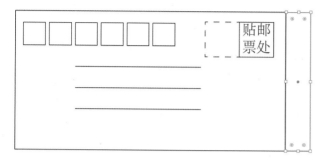，拖动得到矩形，如图 2-13 所示。

（12）点击工具箱"直接选择工具" ▶，选择矩形上的锚点，分别使用方向键的↑↓，调整锚点位置，如图 2-14 所示。

（13）击工具箱"填色工具" ▣，为信封填充颜色（C：10，M：25，Y：49，K：0），如图 2-15 所示。

（14）填充得到最终效果图，如 2-16 图所示。

图 2-13

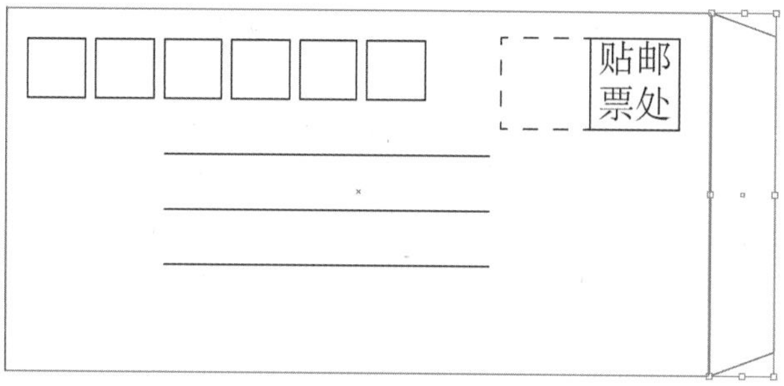

图 2-14

图 2-15

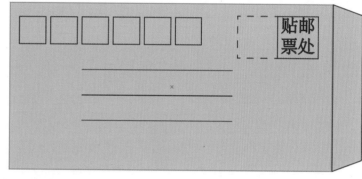

图 2-16

2. 圆角矩形工具案例实训：

插座绘制

（1）启动 Adobe Illustrator CC 2018软件，执行"新建"文档命令。预设详细信息：宽度为 210mm，高度为 297mm，竖向，出血为 3mm，色彩模式为 CMYK，PPI 为 300，设置完成后单击"创建"按钮，如图 2-17 所示。

（2）左键点击工具箱"圆角矩形工具" ▣，单击鼠标左键，在弹出的对话框中设置参数：宽度100mm，高度 100mm，圆角半径 10mm，如图 2-18 所示。得到的圆角矩形如图 2-19 所示。

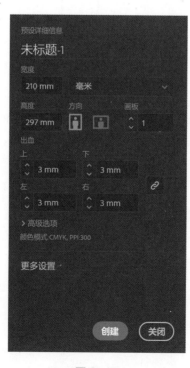

图 2-18

图 2-17

图 2-19

（3）点击圆角矩形，按 Ctrl+C 快捷键复制该矩形，再按 Ctrl+F 快捷键，贴在前面，复制一个圆角矩形。或者点击"菜单栏"—"编辑"—"贴在前面"，复制一个圆角矩形，选择四边，缩小图形，如图 2-20 所示。

（4）选择工具箱的"椭圆工具" 和"矩形工具" ，分别绘制椭圆和矩形，如图 2-21 所示。

（5）按住 Shift 键同时选中椭圆和矩形工具，点击属性栏的"路径查找器"工具 —"联集"命令 ，将两个图形合二为一，并填充黑色，得到插口部分如图 2-22 所示。

（6）按住 Alt+Shift 键，左键拖动插口，复制平移，点击属性栏的"水平轴翻转" ，如图 2-23 所示。

（7）单击工具箱"矩形工具" ，左键拖动绘制矩形，并填充黑色，如图 2-24 所示。

（8）选中新画的矩形，按住 Alt 键复制，再点击工具栏的"旋转工具" ，如图 2-25 所示。

（9）选择旋转后的矩形，按住 Alt+Shift 键复制平移得到一个新矩形，点击属性栏的"水平轴翻转" ，如图 2-26 所示。

（10）用相同的方法完成其他四个图，如图 2-27 所示。

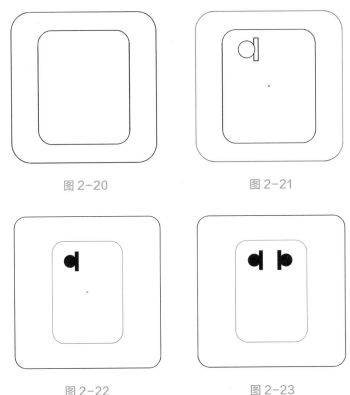

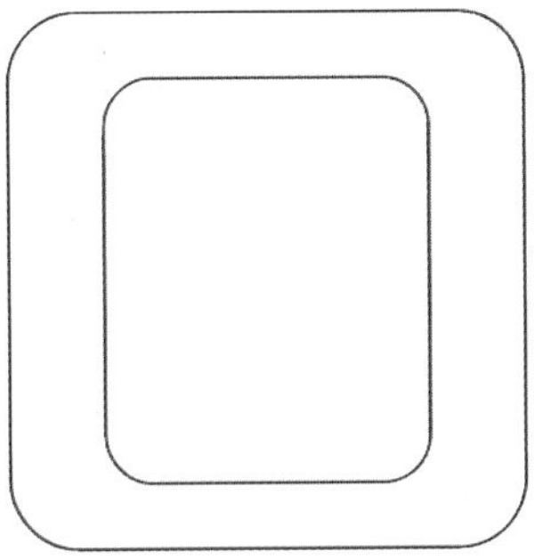

图 2-20 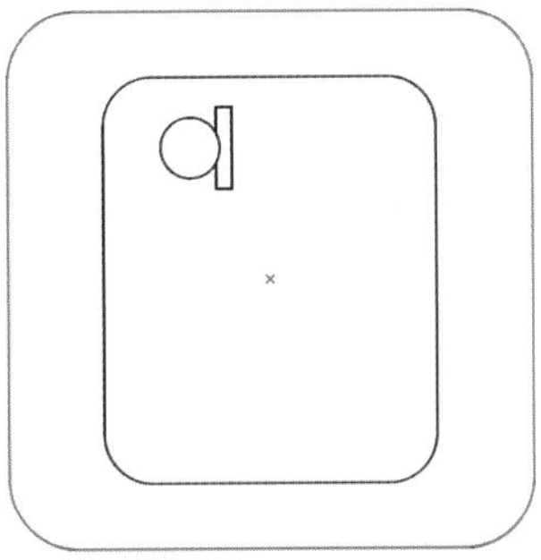 图 2-21

图 2-22 图 2-23

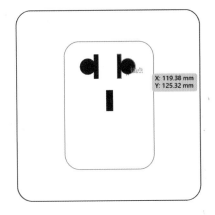
图 2-24

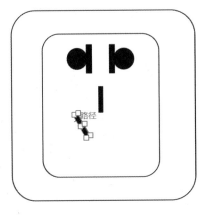
图 2-25

图 2-26

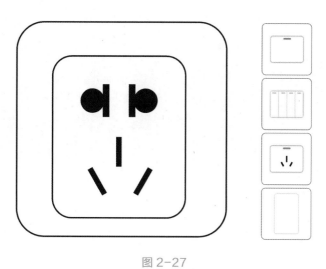

图 2-27

三、学习任务小结

本次任务主要通过技能实训讲解了矩形工具与圆角矩形工具的调用方式、绘制方法和绘制技巧等相关知识点。课后，同学们要对本次课所学命令和操作方法反复练习，掌握其中技巧，加深对知识点的理解。

四、课后作业

完成信封和插座图形的绘制。

椭圆工具和多边形工具

教学目标

（1）专业能力：能用多种方式调用椭圆工具和多边形工具；能用椭圆工具和多边形工具绘制图形；能使用属性栏调整椭圆工具和多边形工具的相关内容。

（2）社会能力：具备图形分析能力，能把复杂的图形分解成简单的几何图形，并利用椭圆工具和多边形工具来完成，从而提高绘图效率。

（3）方法能力：能认真思考、做笔记，及时与老师同学沟通，课上多练，课下复习知识点，加深对所学知识点的理解。

学习目标

（1）知识目标：掌握椭圆工具与多边形工具的调用方式、绘制方法和绘制技巧。

（2）技能目标：能在教师的指导下进行椭圆工具与多边形工具的技能实训。

（3）素质目标：自主学习、勤加练习、举一反三。

教学建议

1. 教师活动

（1）讲解椭圆工具和多边形工具知识点、分解步骤、实例示范、布置作业。

（2）做到逻辑清晰、突出重点、时间分配合理，调动学生学习椭圆工具和多边形工具的积极性。

（3）结合岗位技能要求，组织学生进行椭圆工具和多边形工具技能实训。

2. 学生活动

（1）课前活动：看书，预习椭圆工具和多边形工具知识点、记录问题。

（2）课堂活动：听讲，做笔记，聆听教师讲解椭圆工具和多边形工具的知识点。

（3）课后活动：总结，反复练习椭圆工具和多边形工具的操作方法。

（4）专业活动：在教师的指导下进行椭圆工具和多边形工具技能实训。

一、学习问题导入

椭圆工具和多边形工具在日常绘图中非常常用，它的很多操作技巧和快捷键与矩形工具相似，同学们要有举一反三的能力，主动去研究其使用方法。本次学习任务就是通过实例来学习椭圆工具和多边形工具的具体操作方法。

二、学习任务讲解与技能实训

1. 椭圆工具案例实训：玩偶绘制

（1）启动 Adobe Illustrator CC 2018 软件，执行"新建"文档命令。预设详细信息：宽度为297mm，高度为 210mm，横向，出血为 3mm，色彩模式为 CMYK，PPI 为 300，设置完成后单击"创建"按钮，如图 2-28 所示。

（2）单击工具箱"椭圆工具"，按住 Shift 键，左键拖动绘制一个正圆，并填充黄色，黑色描边，如图 2-29 所示。

（3）单击工具箱"椭圆工具"，按住 Shift 键，左键拖动绘制一个正圆，并填充黑色，白色描边，选择小圆，按住 Alt+Shift 键复制平移得到一个新圆形，如图 2-30 所示。

（4）继续用椭圆工具左键拖动鼠标，绘制嘴巴部分的椭圆，并填充黑色，白色描边。再按住 Alt+Shift键在上嘴唇上选定中心点，画出一个正圆，如图 2-31 所示。

（5）选择"选择工具"，放到正圆形上，会出现一个调整圆形的图标，如图 2-32 所示。

图 2-28

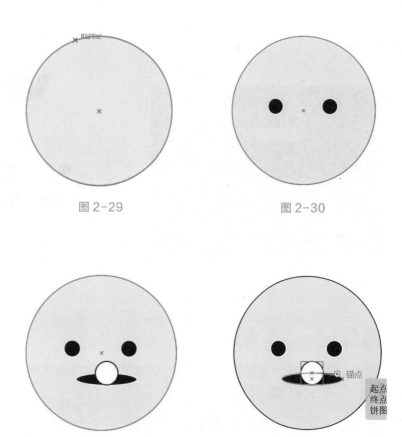

图 2-29

图 2-30

图 2-31

图 2-32

（6）调整两边得到一个饼状图，用"椭圆工具"画出两个椭圆并填充红色，黑色描边，并选择所有图形右键编组，或按 Ctrl+G 快捷键编组，如图 2-33 所示。

（7）选择"椭圆工具" ，按住 Alt 键，以鼠标所在位置为中心点画出一个椭圆，点击右键，在快捷菜单中选择"排列"—"置于底层"，如图 2-34 所示。

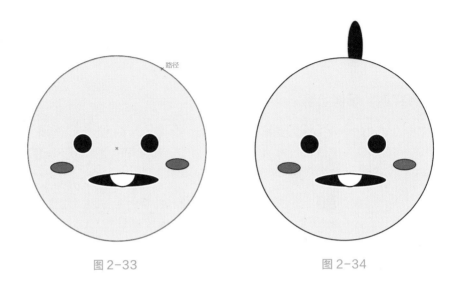

图 2-33   图 2-34

（8）选择"旋转工具" ，按住 Alt 键，以鼠标所在位置为中心点往左旋转复制 30°，往右旋转复制 -30°，如图 2-35 所示。得到的新图形如图 2-36 所示。

（9）选择"选择工具" ，选择最左边的椭圆，点击右键，在弹出的快捷菜单中选择"排列"—"置于底层"，并放大调整，效果如图 2-37 所示。

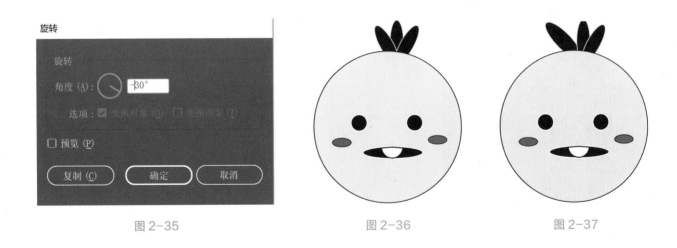

图 2-35   图 2-36   图 2-37

（10）选择"圆角矩形工具" ，绘制卡通人物身体部分，选择"椭圆工具" ，绘制椭圆，将其旋转，并置于底层，完成手臂部分，如图 2-38 所示。

（11）选择"直接选择工具" ，调整滑竿修改手臂形状后，按住 Alt+Shift 键复制平移，再点击属性栏的"水平翻转" ，如图 2-39 所示。

（12）选择"椭圆工具" ，按住 Alt 键，以鼠标所在位置为中心点画出两个椭圆，点击右键，在快捷菜单中选择"排列"—"后移一层"，如图 2-40 所示。

（13）选择"直接选择工具" ，调整卡通图形围兜形状，并分别填充红色和紫色，如图 2-41 所示。

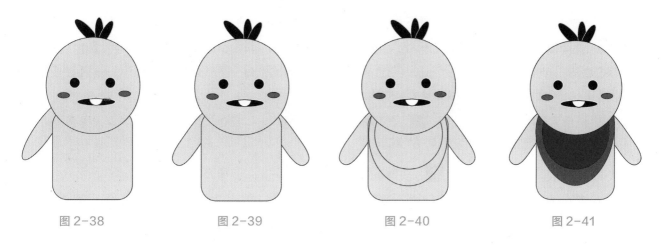

图 2-38　　　　　　　　　图 2-39　　　　　　　　　图 2-40　　　　　　　　　图 2-41

（14）选择"椭圆工具" ，按住 Alt 键，以鼠标所在位置为中心点，画出两个椭圆，得到最终效果图，如图 2-42 所示。

图 2-42

2. 多边形工具案例实训：眼镜绘制

（1）选择"多边形工具" ◎，单击鼠标左键，在弹出的对话框中填入数值，如图 2-43 所示。得到的五边形如图 2-44 所示。

（2）选择"选择工具" ▷，放到五边形上，调整五边形的圆角，效果如图 2-45 所示。

图 2-43

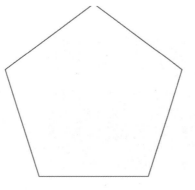

图 2-44

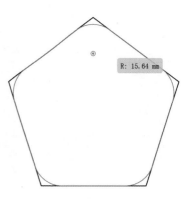

图 2-45

（3）点击工具箱的"填色工具" ，参数设置如图 2-46 所示，得到的效果图如图 2-47 所示。

（4）选中调整后的五边形，按 Ctrl+C 键复制该形状，按 Ctrl+F 键贴在前面，复制一个五边形，或者点击菜单栏中的"编辑"—"贴在前面"，选择四边，按住 Shift 键等比例缩小图形，并点击"外观"—"不透明度"，设置为 60%，如图 2-48 所示。填充蓝色，效果如图 2-49 所示。

（5）选择工具箱的"直线段工具" ，在"属性栏"—"外观"—"描边"里设置参数，端点改为圆头端点，如图 2-50 所示。得到的效果图如图 2-51 所示。

（6）选择工具箱"钢笔工具" ，绘制眼镜支架，排列到底部，并填充黑色，如图 2-52 所示。

（7）按住 Alt+Shift 键，左键拖动插口，复制平移，点击属性栏的"水平轴翻转" ，再用钢笔工具画出鼻梁部分，如图 2-53 所示。

（8）最终效果图如图 2-54 所示。

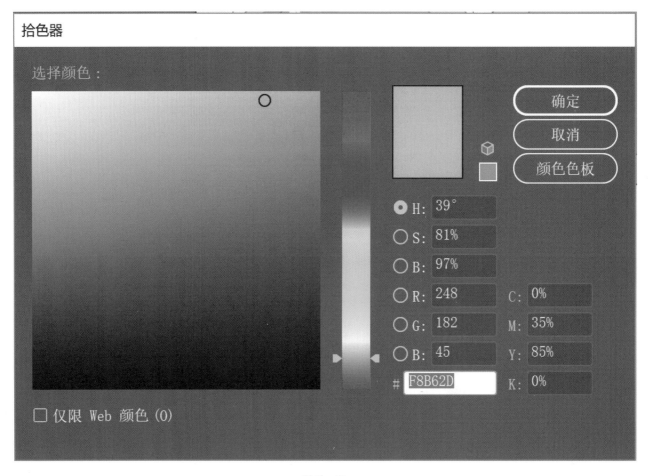

图 2-46

图 2-47

图 2-48

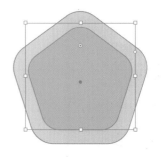

图 2-49

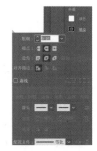

图 2-50

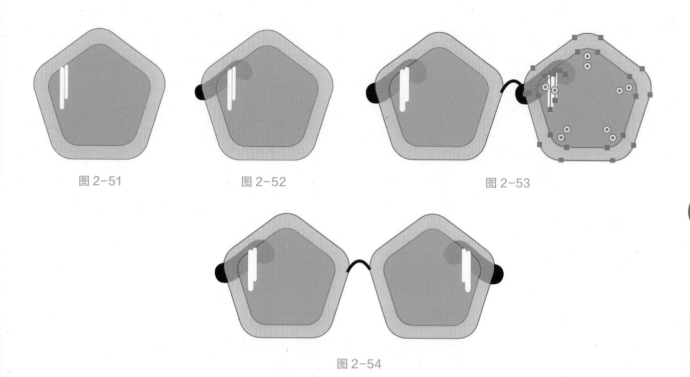

图 2-51   图 2-52   图 2-53

图 2-54

三、学习任务小结

　　本次任务主要通过技能实训讲解了椭圆工具和多边形工具的调用方式、绘制方法和绘制技巧等相关知识点。课后，同学们要反复练习本次课所学的命令和操作方法，掌握其中的技巧，加深对知识点的理解，提高绘图的效率。

四、课后作业

　　完成本次任务中的玩偶和眼镜的图形绘制。

渐变填充工具和网格填充工具

教学目标

（1）专业能力：能运用多种方式调用渐变填充工具和网格填充工具；能用渐变填充工具和网格填充工具填充颜色；能使用属性栏调整渐变填充工具和网格填充工具的相关内容。

（2）社会能力：掌握多种填充对象的方法，能综合运用填充方法，让填充效果更加细腻，从而提高画面质感。

（3）方法能力：能认真思考、做笔记，及时与老师和同学沟通，课上多练，课下复习知识点，加深对所学知识点的理解。

学习目标

（1）知识目标：掌握渐变填充工具和网格填充工具的操作技巧。

（2）技能目标：能在教师的指导下进行渐变填充工具和网格填充工具的技能实训。

（3）素质目标：自主学习、勤加练习、举一反三。

教学建议

1. 教师活动

（1）讲解渐变填充工具和网格填充工具的知识点、分解步骤、实例示范、布置作业。

（2）做到逻辑清晰、突出重点、时间分配合理，调动学生学习渐变填充工具和网格填充工具的积极性。

（3）结合岗位技能要求，组织学生进行渐变填充工具和网格填充工具的技能实训。

2. 学生活动

（1）课前活动：看书，预习渐变填充工具和网格填充工具的知识点。

（2）课堂活动：听讲，做笔记，认真聆听教师讲解渐变填充工具和网格填充工具的操作方法。

（3）课后活动：总结，反复练习渐变填充工具和网格填充工具的操作命令。

（4）专业活动：在教师的指导下进行渐变工具和网格填充工具技能实训。

一、学习问题导入

图形绘制完成后需要进行颜色填充。颜色填充包括单色填充、渐变填充和图案填充三种方式。填充可以让图形更加生动、细腻、自然。本次学习任务就是通过实例来讲解两种填充工具，即渐变填充工具和网格填充工具的具体操作方法。

二、学习任务讲解与技能实训

1. 渐变填充工具案例实训：台灯绘制 1

（1）启动 Adobe Illustrator CC 2018 软件，执行"新建"文档命令。预设详细信息：宽度为297mm，高度为210mm，横向，出血为3mm，色彩模式为CMYK，PPI为300，设置完成后单击"创建"按钮，如图2-55所示。

（2）选择工具箱"矩形工具"■，单击矩形工具，在弹出的对话框中设置矩形参数：宽80mm，高50mm，如图2-56所示。得到的矩形如图2-57所示。

（3）选择工具箱"椭圆工具"●，在弹出的对话框设置两个椭圆参数：宽80mm，高8mm（如图2-58所示）；宽80mm，高14mm（如图2-59所示）。得到两个椭圆形，如图2-60所示。

图 2-55

图 2-56

图 2-59

图 2-57

图 2-58

图 2-60

（4）按住 Shift 键，同时选中底部椭圆和矩形部分，点击"属性栏"—"路径查找器"—"联集"■，得到的新图形如图2-61所示。

（5）选择工具箱"填充工具"—"渐变填充"■，选择线性渐变，调整参数，如图2-62所示。效果图如图2-63所示。

（6）选择工具箱的"渐变工具"■，调整渐变的角度，效果如图2-64所示。

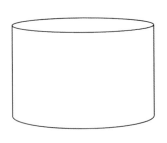
图 2-61

图 2-62

图 2-63

图 2-64

（7）选择"椭圆工具" ，图 2-65 所示，并按住 Alt+Shift 键，以鼠标所在地方为中心点绘制正圆，选择"属性"—"外观"—"填色"，在渐变对话框中选择径向渐变，效果如图 2-66 所示。

（8）选择工具箱"矩形工具" ，鼠标拖动画出一个矩形，再选择"椭圆工具" ，并按住 Alt 键，以鼠标所在地方为中心点绘制椭圆，如图 2-67 所示。

（9）按住 Shift 键，同时选中底部椭圆和矩形部分，点击"属性栏"—"路径查找器"—"联集" ，得到新图形，如图 2-68 所示。

图 2-65

图 2-66

图 2-67

图 2-68

（10）选择工具箱"填充工具"—"渐变填充" ，选择线性渐变，调整参数，如图 2-69 所示。效果图如图 2-70 所示。

（11）参照上面的方法，完成其他图形的绘制，如图 2-71 所示。

图 2-69

图 2-70

图 2-71

（12）打开菜单栏"窗口"—"色板"—"植物"，填充台灯颜色，如图 2-72 和图 2-73 所示。

（13）填充后得到最终效果图如图 2-74 所示。

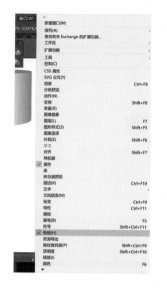

图 2-72

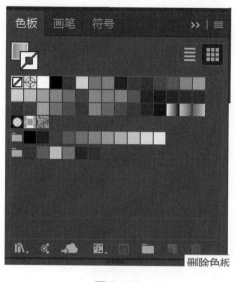

图 2-73

图 2-74

2. 网格填充工具案例实训：台灯绘制 2

（1）选择工具箱"钢笔工具" ，左键拖动滑竿，在需要转向的地方，单击锚点，收回滑竿，如图 2-75 所示。

（2）用"钢笔工具" 逐步完成绘制，如图 2-76 所示。

（3）通过"矩形工具" 、"椭圆工具" 、"路径查找器"—"联集命令" 等完成线图，步骤可参照上一个案例，如图 2-77 所示。

（4）点击工具箱的"网格填充工具" ，在图形上点击鼠标左键添加网格线，如图 2-78 所示。

（5）选择工具箱的"直接选择工具" ，单击锚点，填充颜色，如图 2-79 所示。

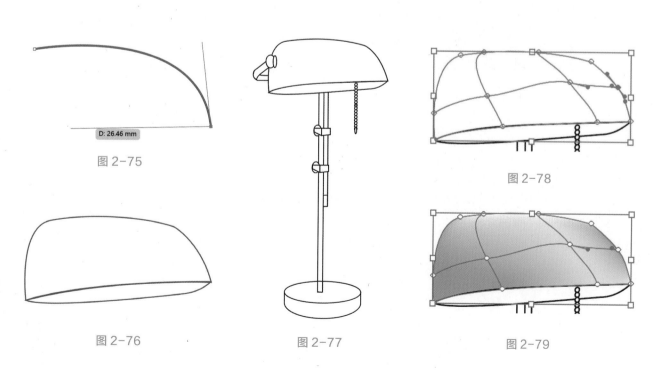

图 2-75

图 2-76

图 2-77

图 2-78

图 2-79

（6）选择工具箱"填充工具"—"渐变填充" ，选择线性渐变，调整参数，如图 2-80 所示。效果图如图 2-81 所示。

（7）选择工具箱"填充工具"—"渐变填充" ，选择线性渐变，调整参数，如图 2-82 所示。效果图如图 2-83 所示。

（8）参照上述方法，继续完成颜色填充，得到最终效果图，如图 2-84 所示。

图 2-80

图 2-81

图 2-82

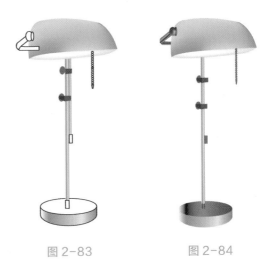

图 2-83　　　　　　　　图 2-84

三、学习任务小结

本次任务，同学们主要通过技能实训学习了渐变填充工具与网格填充工具的调用方式、绘制方法和绘制技巧等相关知识点。课后，同学们要反复练习本次任务学习的相关命令和操作方法，掌握其中技巧，提高绘图技能。

四、课后作业

完成台灯 1 和台灯 2 的图形绘制。

学习任务

四

路径查找器工具

教学目标

（1）专业能力：熟练路径查找器中每个工具的功能；能用路径查找器工具完成图形绘制。

（2）社会能力：具备熟练绘制图形的能力。

（3）方法能力：能认真思考、做笔记，及时与老师和同学沟通，课上多练，课下复习知识点，加深对所学知识点的理解。

学习目标

（1）知识目标：掌握路径查找器中单个工具的使用方法和技巧。

（2）技能目标：能在教师的指导下进行路径查找器工具的技能实训。

（3）素质目标：自主学习、勤加练习、举一反三。

教学建议

1. 教师活动

（1）讲解路径查找器工具的使用方法，并结合案例进行示范。

（2）做到逻辑清晰、突出重点、时间分配合理，调动学生学习路径查找器工具的积极性。

（3）结合岗位技能要求，组织学生进行路径查找器工具技能实训。

2. 学生活动

（1）课前活动：看书，预习路径查找器工具的知识点。

（2）课堂活动：听讲，做笔记，聆听教师讲解路径查找器工具的使用方法。

（3）课后活动：总结，练习，熟悉路径查找器工具的使用技巧。

（4）专业活动：在教师的指导下进行路径查找器工具技能实训。

一、学习问题导入

广告设计中的设计造型就需要用到路径查找器工具。路径查找器里面有很多子工具，比如联集、减去顶层、轮廓等，只有充分了解这些工具的使用方法，才能快速、流畅地完成图形设计。下面通过具体案例来学习路径查找器工具。

二、学习任务讲解与技能实训

1. 路径查找器工具案例实训：齿轮

（1）启动 Adobe Illustrator CC 2018 软件，执行"新建"文档命令。预设详细信息：宽度为297mm，高度为210mm，横向，出血为3mm，色彩模式为CMYK，PPI为300。设置完成后单击"创建"按钮，如图2-85所示。

（2）选择工具箱的"椭圆工具" ⬭，按住 Ctrl 键画出一个正圆，再按住 Alt+Shift 键，以鼠标所在位置为中心点绘制一个正圆，如图2-86所示。

（3）选择工具箱"旋转工具" ↻，按住 Alt 键，重新制定旋转中心点，如图2-87所示。在弹出的对话框中设置旋转角度为6°，并点击"复制"复制设置，如图2-88所示。

（4）按住 Ctrl+D 键，重复上一步步骤，得到所有圆形，如图2-89所示。

图 2-85

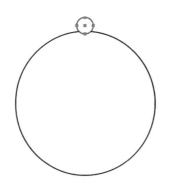

图 2-86

图 2-88

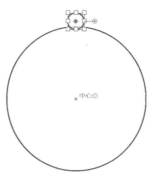

图 2-87

图 2-89

（5）找到"属性栏"—"路径查找器"—"联集" ▣，效果图如图2-90所示。

（6）按住 Alt+Shift 键以鼠标所在位置作为中心点画正圆，如图2-91所示。

（7）找到"属性栏"—"路径查找器"—"减去顶层" ▣，给齿轮填充黑色，如图2-92所示。

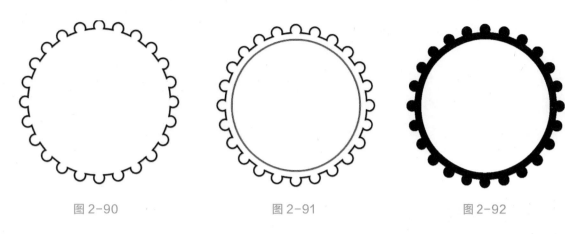

| 图 2-90 | 图 2-91 | 图 2-92 |

2. 路径查找器工具案例实训：气象图绘制

（1）选择工具箱"椭圆工具" 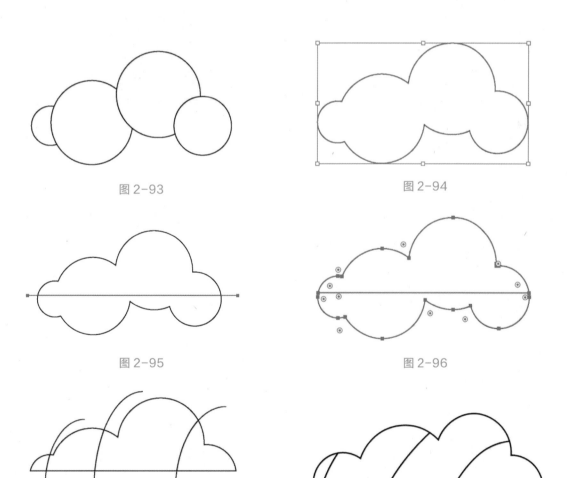，按住 Ctrl 键画出四个正圆，如图 2-93 所示。

（2）按住 Shift 键，同时选中四个正圆，点击"属性栏"—"路径查找器"—"联集"，得到新图形，如图 2-94 所示。

（3）选择工具箱"直线段工具"，按住 Shift 键绘制一条直线段，如图 2-95 所示。

（4）同时选中椭圆部分和直线部分，选择"路径查找器"—"分割"命令，如图 2-96 所示。

（5）选择图形，右键取消群组，删除多余部分，选择"钢笔工具"，画出三条曲线，如图 2-97 所示。

（6）同时选中椭圆部分和曲线部分，选择"路径查找器"—"分割"命令，效果图如图 2-98 所示。

图 2-93	图 2-94
图 2-95	图 2-96
图 2-97	图 2-98

（7）选择工具箱的"星形工具" 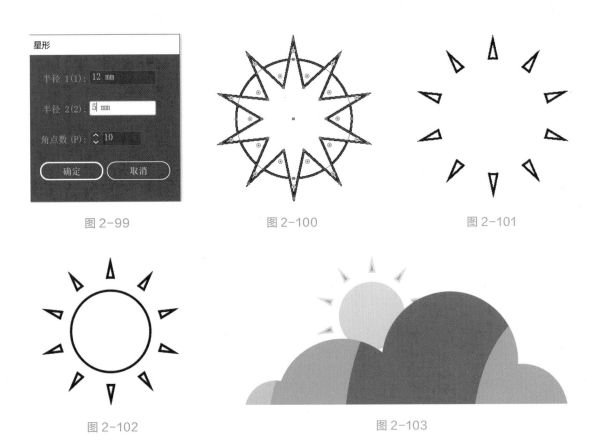，单击鼠标左键，在弹出的对话框中设置参数，如图 2-99 所示。按住 Alt 键，以鼠标所在位置为中心点画正圆，如图 2-100 所示。

（8）按住 Shift 键同时选中圆形和星形，选择"路径查找器"—"减去后方对象"命令 ，如图 2-101 所示。

（9）再按住 Alt+Shift 键，以鼠标所在位置为中心点画正圆，并缩小，如图 2-102 所示。

（10）选择工具箱"填充工具" ，把所有图形填充颜色，如图 2-103 所示。

图 2-99　　　　　　　　　图 2-100　　　　　　　　　图 2-101

图 2-102　　　　　　　　　图 2-103

三、学习任务小结

本次任务主要学习了路径查找器工具的调用方式，以及子工具的使用方法和技巧等知识点。通过案例实训，同学们熟悉了路径查找器工具的操作方法。课后，同学们要反复练习本次课所学的相关命令，掌握其中技巧，加深对知识点的理解。

四、课后作业

完成齿轮和气象图的图形绘制。

学习任务 五 钢笔工具

教学目标

（1）专业能力：能用钢笔工具绘图；能用添加锚点、删除锚点、锚点工具修改路径。

（2）社会能力：具备熟练绘制路径、准确修改路径的能力。

（3）方法能力：能认真思考、做笔记，及时与老师和同学沟通，课上多练，课下复习知识点，加深对所学知识点的理解。

学习目标

（1）知识目标：掌握钢笔工具的使用方法，以及添加锚点、删除锚点、转换锚点的方法和技巧。

（2）技能目标：能在教师的指导下进行钢笔工具的技能实训。

（3）素质目标：自主学习、勤加练习、举一反三。

教学建议

1. 教师活动

（1）讲解钢笔工具的使用方法，并结合案例进行操作示范。

（2）做到逻辑清晰、突出重点、时间分配合理，调动学生学习钢笔工具的积极性。

（3）结合岗位技能要求，组织学生进行钢笔工具技能实训。

2. 学生活动

（1）课前活动：看书，预习钢笔工具的使用方法。

（2）课堂活动：听讲，做笔记，认真聆听教师讲解钢笔工具的使用方法。

（3）课后活动：总结，练习，熟悉钢笔工具的使用技巧。

（4）专业活动：在教师的指导下进行钢笔工具技能实训。

一、学习问题导入

在进行图形设计时，钢笔工具是使用较多的一个造型工具。它能帮助设计师快速、准确地画出头脑中的概念形象。尤其是转换锚点的时候，有效地控制滑竿，直接决定了路径的准确性，接下来通过具体案例来学习钢笔工具。

二、学习任务讲解与技能实训

钢笔工具案例实训以卡通头像为例来讲解。

（1）启动 Adobe Illustrator CC 2018 软件，执行"新建"文档命令。预设详细信息：宽度为 297mm，高度为 210mm，横向，出血为 3mm，色彩模式为 CMYK，PPI 为 300，设置完成后单击"创建"按钮，如图 2-104 所示。

（2）选择工具箱"钢笔工具"，单击空白处，左键拖动，得到第一笔曲线，有两边滑竿，如图 2-105 所示。此时需要转向，鼠标移到锚点处单击，收起一边滑竿，如图 2-106 所示，直至完成头发部分，若想要线条更为顺畅，可以选择"直接选择工具"选中锚点，选择"转换"，使线条更加自然。

（3）收回一边滑竿后，继续画出第二笔头发转折部分，如图 2-107 所示。

（4）继续选择"钢笔工具"，画出第三笔头发转折部分，如图 2-108 所示。

图 2-104

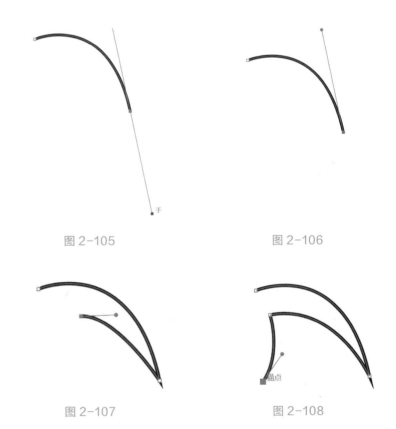

图 2-105　　　　　　　图 2-106

图 2-107　　　　　　　图 2-108

（5）继续选择"钢笔工具"，画出第四笔头发转折部分，如图 2-109 所示。

（6）以此类推，完成头发其余部分，如图 2-110 所示。

（7）继续绘制脸部轮廓，注意在绘制的过程中，如果线条还需要调整，可以选择工具箱"锚点工具"进行调整，如图 2-111 所示。

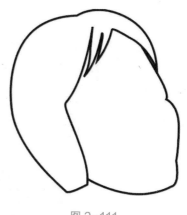

图 2-109   图 2-110   图 2-111

（8）继续绘制五官，注意在绘制的过程中，如果画错，可按 Ctrl+Z 键撤回上一步重新画，完成的五官效果如图 2-112 所示。

（9）继续完成其余部分线稿，如图 2-113 所示。

（10）选择工具栏"填色工具" ，填充头发颜色，CMYK 值为（C：100，M：100，Y：100，K：100），如图 2-114 所示。

（11）选择工具栏"填色工具" ，填充脸部肤色，CMYK 值为（C：15，M：43，Y：53，K：0），如图 2-115 所示。

（12）设置嘴部肤色 CMYK 值（C：2，M：50，Y：3，K：1），如图 2-116 所示。

（13）设置脖子肤色 CMYK 值（C：25，M：50，Y：47，K：0），如图 2-117 所示。

图 2-112   图 2-113   图 2-114

图 2-115   图 2-116   图 2-117

（14）设置衣服 CMYK 值（C：10，M：20，Y：87，K：0）。如图 2-118 所示。

（15）设置衣服 CMYK 值（C：8，M：38，Y：90，K：0），选择工具箱"选择工具" ，把描边改成"无" ，如图 2-119 所示。

（16）设置衣服 CMYK 值（C：100，M：100，Y：100，K：100），如图 2-120 所示。

（17）微调后，最终效果图如图 2-121 所示。

图 2-118　　　　　　　　　　　　图 2-119

图 2-120　　　　　　　　　　　　图 2-121

三、学习任务小结

本次任务主要讲解了钢笔工具的使用方法和技巧，并结合人物头像进行了案例技能实训，提高了同学们的软件操作技能。课后，同学们要针对本次任务所学技能反复练习，掌握钢笔工具的相关使用技巧。

四、课后作业

完成卡通头像的图形绘制。

项目三
编辑对象技能实训

学习任务 一

对齐、分布、排列、旋转

教学目标

（1）专业能力：能熟练操作对齐面板和对象排列、旋转工具；能用对齐和分布命令管理对象；能配合常用快捷键进行对象排列；能使用属性栏调整对齐面板的相关内容。

（2）社会能力：具备分析对象管理的能力，能把杂乱的图形或文字排列整齐，并利用对齐面板来完成，从而提高版面整齐度。

（3）方法能力：能认真思考、做笔记，及时与老师和同学沟通，课上多练，课下复习知识点，加深对所学知识点的理解。

学习目标

（1）知识目标：掌握对齐、分布及旋转对象和恰当排列对象的方法。

（2）技能目标：能进行对齐面板和排列、旋转对象的技能实训。

（3）素质目标：自主学习、勤加练习、举一反三。

教学建议

1. 教师活动

（1）合理组织知识点、分解步骤、实例示范、布置作业。

（2）示范对齐、分布及旋转对象和恰当排列对象的方法。

（3）结合岗位技能要求，组织学生进行正确对齐、分布及旋转对象和恰当排列对象的技能实训。

2. 学生活动

（1）课前活动：看书，预习对齐、分布及旋转对象和恰当排列对象的方法。

（2）课堂活动：听讲，观看教师示范，并在教师的指导下进行对齐、分布及旋转对象和恰当排列对象的技能实训。

（3）课后活动：总结、重复练习、举一反三、重视复习。

一、学习问题导入

在应用 Adobe Illustrator CC 2018 软件进行图形设计时，整理杂乱无序的对象，需要用到对齐面板。同时，整理多个对象还需要结合菜单栏、工具栏、属性栏、快捷菜单等。本次学习任务就是通过实例来讲解对齐面板和排列、旋转对象的具体操作。接下来我们一起学习相关操作步骤。

二、学习任务讲解与技能实训

1. 对齐分布对象

（1）启动 Adobe Illustrator CC 2018 软件，执行"新建"文档命令。预设详细信息：宽度为297mm，高度为210mm，横向，出血为3mm，色彩模式为CMYK，PPI为300。设置完成后单击"创建"按钮，如图 3-1 所示。

（2）点击"菜单栏"—"窗口"—"对齐"（Shift+F7），如图 3-2 所示，弹出"对齐"面板，如图 3-3 所示。

（3）用矩形工具（M）画出两个大小不一样的矩形并填充，以便观察，如图 3-4 所示。

图 3-1

图 3-2

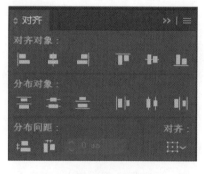

图 3-3

图 3-4

（4）点击"对齐"—"对齐所选对象" ▦ 选中对象。点击"对齐"面板中的"水平左对齐"，如图 3-5 所示。即可得到如图 3-6 所示的效果，其他对齐方式同理。

（5）分布对象在对齐对象的下方，两个矩形如图 3-7 所示。

（6）单击"分布对象"的"垂直顶分布"，如图 3-8 所示，即可得到如图 3-9 所示的效果。其他分布方式同理。"分布间距"可使多个对象的行距或列距平均分布。

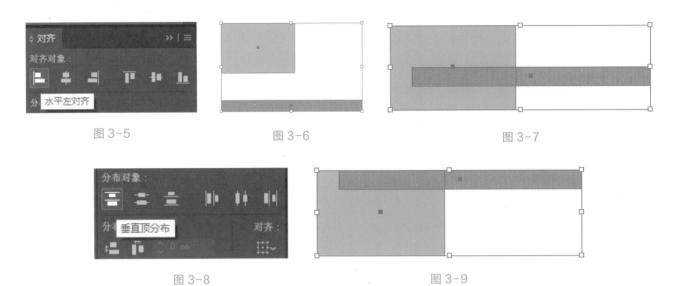

图 3-5   图 3-6   图 3-7

图 3-8   图 3-9

2. 排列工具

（1）同样以上面的两个矩形为例，点击"菜单栏"—"对象"—"排列"，如图 3-10 所示。

（2）若要使蓝色矩形在上方，选中蓝色矩形，点击"前移一层"，或选中橘色矩形，点击"后移一层"，如图 3-11 所示。若对象过多，可直接选中对象置于顶层或底层。

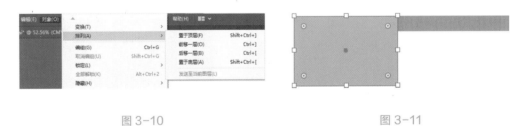

图 3-10   图 3-11

3. 旋转工具

（1）同样以上面的两个矩形为例，点击"菜单栏"—"对象"—"变换"—"旋转"，或者直接选中对象右击，选择"对象"—"变换"。如图 3-12 所示。

（2）若要使橘色矩形旋转 90°，选中橘色矩形，右击"变换"—"旋转"，弹出"旋转"对话框，如图 3-13 所示。

（3）可点击预览查看对象旋转后的形态，然后点击"确定"，效果图如图 3-14 所示。

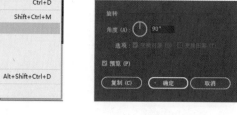
图 3-12

图 3-13　　　　　图 3-14

三、学习任务小结

本次任务主要讲解了对齐面板、排列和旋转等工具的相关知识点。同时，课堂技能实训使同学们熟悉了这些命令的操作方法。课后，同学们要针对本次课所学的技能反复实操练习，掌握其中技巧，加深对知识点的理解。

四、课后作业

操作对齐面板、排列和旋转等工具。

学习任务二 形状生成器和实时上色工具

教学目标

（1）专业能力：能熟练操作形状生成器和实时上色工具；能用形状生成器绘制复杂图形并上色；能使用属性栏调整形状生成器和实时上色工具的相关内容。

（2）社会能力：具备分析图形能力，能把复杂的图形分解成简单的几何图形，并利用形状生成器和实时上色工具来完成，从而提高绘图效率。

（3）方法能力：能认真思考、做笔记，及时与老师和同学沟通，课上多练，课下复习知识点，加深对所学知识点的理解。

学习目标

（1）知识目标：掌握形状生成器和实时上色工具的调用方式、绘制方法和绘制技巧。

（2）技能目标：能进行形状生成器和实时上色工具的技能实训。

（3）素质目标：自主学习、勤加练习、举一反三。

教学建议

1. 教师活动

（1）合理组织知识点、分解步骤、实例示范、布置作业。

（2）示范形状生成器和实时上色工具的调用方式、绘制方法和绘制技巧。

（3）结合岗位技能要求，组织学生进行形状生成器和实时上色工具的调用方式、绘制方法和绘制技巧技能实训。

2. 学生活动

（1）课前活动：看书，预习形状生成器和实时上色工具的使用方法。

（2）课堂活动：听讲，观看教师示范，并在教师的指导下进行形状生成器和实时上色工具的技能实训。

（3）课后活动：总结、重复练习、举一反三、重视复习。

一、学习问题导入

复杂图形需要分析其几何形状，然后使用各种工具、命令绘制而成。同学们要学会把复杂图形拆解成相似的、简单的几何形状。这就需要用到形状生成器和实时上色工具，同时，结合菜单栏、工具栏、属性栏、快捷菜单等，可帮助我们绘制想要的图形。本次学习任务就是通过实例来讲解形状生成器和实时上色工具的具体操作方法。

二、学习任务讲解与技能实训

（1）创建页面。启动 Adobe Illustrator CC 2018 软件，执行"新建"文档命令。预设详细信息：宽度为 297mm，高度为 297mm，横向，出血为 3mm，色彩模式为 CMYK，分辨率为 300PPI，设置完成后单击"创建"按钮，如图 3-15 所示。分别画一个矩形和一个圆形，如图 3-16 所示。

（2）全选对象，点击"形状生成工具" 🖫 。该对象会变成三个区块，如图 3-17 所示。

图 3-16

图 3-15

图 3-17

（3）长按"形状生成器"出现下拉菜单，单击"实时上色工具"，如图 3-18 所示。

（4）选择想要的颜色，单击所需填充的色块，如图 3-19 所示，完成一个简单图形的绘制。

图 3-18　　　　　　　　　图 3-19

三、学习任务小结

　　本次任务主要通过技能实训讲解了形状生成器和实时上色工具的相关知识点。同学们掌握了形状生成器和实时上色工具的调用方式、绘制方法和绘制技巧。课后，同学们要进行反复实操练习，掌握其中技巧，加深对知识点的理解。

四、课后作业

绘制一个由多个几何形组成的图形并上色。

学习任务 三 透视网格工具

教学目标

（1）专业能力：能熟练使用调用透视网格工具；能用透视网格工具设计图形与文字；能配合常用快捷键和透视网格工具一起使用。

（2）社会能力：能将二维图像设计成有空间感的三维图形，并辅助透视网格工具来完成，从而提高绘图能力。

（3）方法能力：能认真思考、做笔记，及时与老师和同学沟通，课上多练，课下复习知识点，加深对所学知识点的理解。

学习目标

（1）知识目标：掌握透视网格工具的使用方式、使用方法和使用技巧。

（2）技能目标：能进行透视网格工具的技能实训。

（3）素质目标：自主学习、勤加练习、举一反三。

教学建议

1. 教师活动

（1）合理组织知识点、分解步骤、实例示范、布置作业。

（2）示范透视网格工具的使用方法。

（3）结合岗位技能要求，组织学生进行透视网格工具技能实训。

2. 学生活动

（1）课前活动：看书，预习透视网格工具的使用方法。

（2）课堂活动：听讲，观看教师示范，并在教师的指导下进行透视网格工具的技能实训。

（3）课后活动：总结、重复练习、举一反三、重视复习。

一、学习问题导入

二维图像往往使用旋转、对称、倾斜来使画面变得更加具有三维立体感。利用透视网格工具可以准确绘制出规范的三维效果，同时，结合文字工具和钢笔工具，可以创造出逼真、立体的效果。本次学习任务通过实例来讲解透视网格工具的具体操作方法。

二、学习任务讲解与技能实训

（1）启动 Adobe Illustrator CC 2018 软件，执行"新建"文档命令。预设详细信息：宽度为297mm，高度为210mm，横向，出血为3mm，色彩模式为CMYK，分辨率为300PPI。设置完成后单击"创建"按钮，如图 3-20 所示。

（2）鼠标左键单击工具箱的"透视网格工具"，快捷键为 Shift+P，如图 3-21 所示。透视网格工具默认的是两点透视，即画面上有两个消失点，中间上下两处的端点均可以调节，来重新绘制透视网格。

（3）除此之外，"透视网格"中还有一点透视和三点透视，可以根据设计需要选择，如图 3-22 所示。

（4）在打开透视网格的前提下，先输入一段文字，然后选择"透视选区工具"再打开，如图 3-23 所示。

（5）注意看左上角的小图标，当选择左侧网格时，利用"透视选区工具"移动文字，文字就会自动贴合左侧网格的方向，如图 3-24 所示。

（6）若要关闭透视网格工具，先按快捷键 Shift+V，然后单击网格左上角的关闭键，再按快捷键 Ctrl+Shift+I 即可关闭。也可以点击"菜单栏"—"视图"—"透视网格"—"隐藏网格"，如图 3-25 所示。

图 3-20

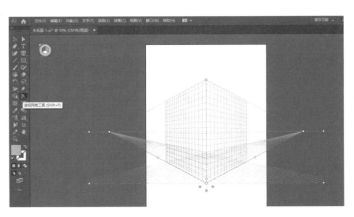

图 3-21

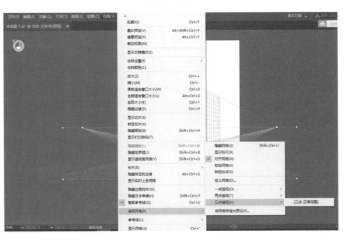

图 3-22

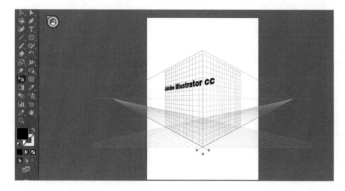

图 3-23

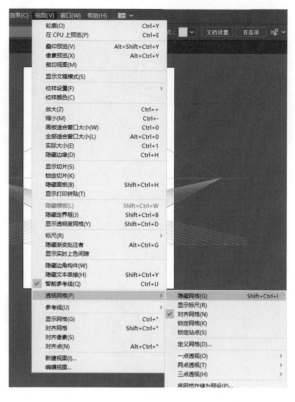

图 3-24   图 3-25

三、学习任务小结

本次任务主要讲解了透视网格工具的调用方式、绘制方法和绘制技巧等相关知识点。课堂实训提高了同学们对透视网格工具的操作熟练程度。课后，同学们要进行反复实操练习，掌握其中技巧，加深对知识点的理解。

四、课后作业

利用透视网格工具完成一张有透视元素的海报。

学习任务 四

混合工具和封套扭曲工具

教学目标

（1）专业能力：能熟练使用混合工具与封套扭曲工具；能用混合工具与封套扭曲工具设计图形；能配合常用快捷键使用混合工具与封套扭曲工具一起使用。

（2）社会能力：具备设计图形能力，能拼合并设计图像和文字，利用混合工具与封套扭曲工具来完成，从而提高绘图效率。

（3）方法能力：能认真思考、做笔记，及时与老师和同学沟通，课上多练，课下复习知识点，加深对所学知识点的理解。

学习目标

（1）知识目标：掌握混合工具与封套扭曲工具的使用方式、使用方法和使用技巧。

（2）技能目标：能进行混合工具与封套扭曲工具的技能实训。

（3）素质目标：自主学习、勤加练习、举一反三。

教学建议

1. 教师活动

（1）合理组织知识点、分解步骤、实例示范、布置作业。

（2）示范混合工具与封套扭曲工具的使用方法。

（3）结合岗位技能要求，组织学生进行混合工具与封套扭曲工具的技能实训。

2. 学生活动

（1）课前活动：看书，预习混合工具与封套扭曲工具的使用方法。

（2）课堂活动：听讲，观看教师示范，并在教师的指导下进行混合工具与封套扭曲工具的技能实训。

（3）课后活动：总结、重复练习、举一反三、重视复习。

一、学习问题导入

混合工具与封套扭曲工具可以用于设计与制作创意文字和图形，增强画面的艺术表现效果。本次学习任务就是通过实例来学习混合工具与封套扭曲工具的具体操作方法，提升文字和图形的创意表现力。

二、学习任务讲解与技能实训

1. 混合工具案例实训：立体字

（1）启动 Adobe Illustrator CC 2018 软件，执行"新建"文档命令。预设详细信息：宽度为210mm，高度为297mm，竖向，出血为3mm，色彩模式为CMYK，PPI为300。设置完成后单击"创建"按钮，如图3-26所示。

（2）鼠标左键单击工具箱的"文字工具"T，在创建的画板上打出"ADOBE IIIUSTRAOR"，设置字符大小为66pt，如图3-27所示，得到一行文字，如图3-28所示。

（3）鼠标左键单击工具箱的"填色工具"，在弹出的对话框中更改颜色为4591CF，如图3-29所示，得到一行蓝色的文字，如图3-30所示。

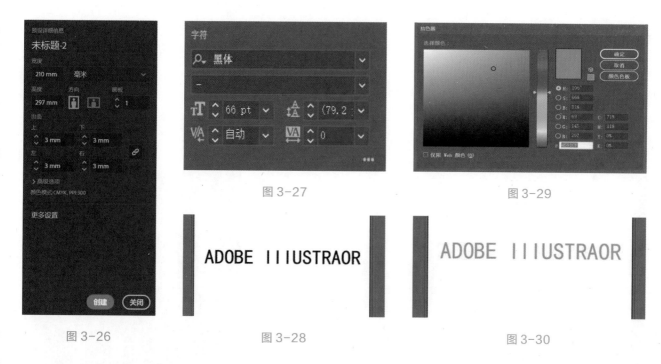

图 3-26   图 3-27   图 3-28   图 3-29   图 3-30

（4）左键点击画面中的文字，按住Alt键，左键拖动文字再按住Shift键平移并复制文字，如图3-31所示。

（5）鼠标左键单击工具箱的"填色工具"，在弹出的对话框中更改颜色为F77490，如图3-32所示。

（6）左键点击画面中的第二行文字，按住Alt键，左键拖动文字再按住Shift键平移并复制文字。点击后效果如图3-33所示。

（7）按住鼠标左键，选中第二行文字，使用缩放、倾斜、对齐等命令更改其所在位置，如图3-34所示。

（8）按住鼠标左键，选中两个文字，再点击菜单栏中的"对象"—"混合"—"建立"（快捷键Shift+Alt+B），如图3-35所示。

图 3-31

图 3-32

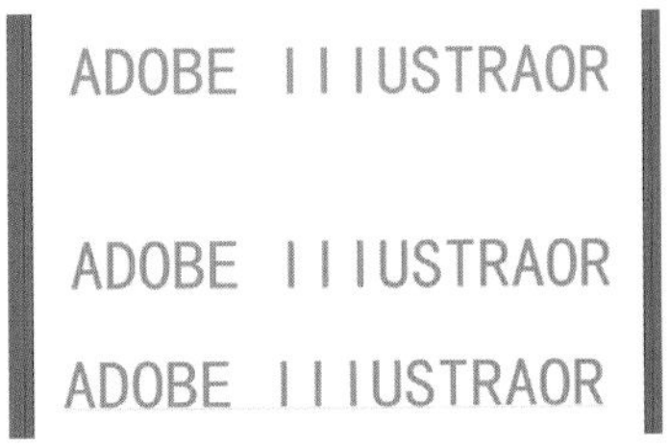

图 3-33

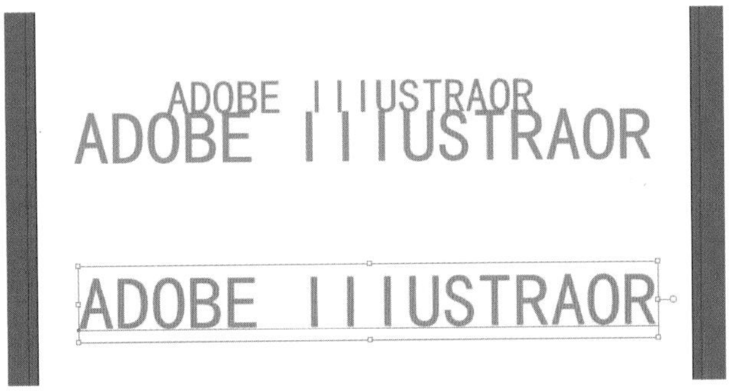

图 3-34

图 3-35

（9）继续按住鼠标左键，选中两个文字，再点击菜单栏中的"对象"—"混合"—"混合"选项，将"间距"改成"指定的步数"，再把数值改为50，点击"预览"得到合适的图像，如图3-36所示。

（10）选中最下方的一行文字，鼠标左键单击工具箱的"填色工具" ，在弹出的对话框中更改颜色为F4BDCA，如图3-37所示。

（11）最后将文字放在混合文字上方，立体字效果完成，如图3-38所示。

图 3-36

图 3-37

图 3-38

2. 封套扭曲工具案例实训：扭曲文字

（1）启动 Adobe Illustrator CC 2018 软件，执行"新建"文档命令。预设详细信息宽度为 210mm，高度为 297mm，竖向，出血为 3mm，色彩模式为 CMYK，PPI 为 300。设置完成后单击"创建"按钮，如图 3-39 所示。

（2）新建一个 210mm×297mm 大小的矩形，颜色更改为 86B965，将其锁定，如图 3-40 所示。

（3）鼠标左键单击工具箱的"文字工具"**T**，打出"GREEN"，更改其颜色为白色，字符大小为 218，如图 3-41 所示。

（4）选中文字，点击鼠标右键"创建轮廓"，继续选中文字点击鼠标右键"取消编组"，将文字打散，如图 3-42 所示。

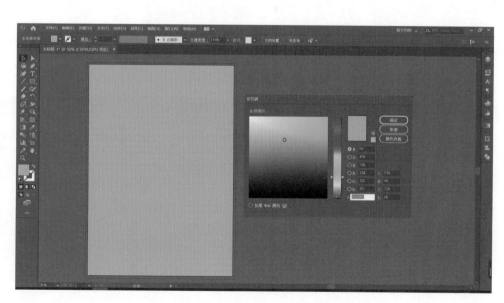

图 3-39

图 3-40

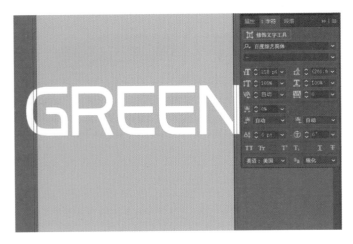
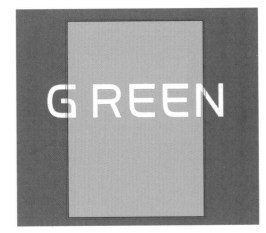

图 3-41   图 3-42

（5）鼠标左键单击工具箱的"矩形工具" ，画出一条高度为 5mm 的矩形，放置在画板顶部，如图 3-43 所示。

（6）鼠标左键选中矩形，右击菜单栏中"效果"—"扭曲和变换"—"变换"，将"移动"下方的"垂直"改为 10mm，再将"副本"改为 29，点击"确定"，如图 3-44 所示。

（7）选中矩形，鼠标右键点击菜单栏中的"对象"—"扩展外观"，并取消编组，如图 3-45 所示。

（8）将文字选中，右击鼠标"排列"—"置于顶层"，再将矩形放在单个文字下方，如图 3-46 所示。

（9）为使文字清晰地显示，自行修改文字或者矩形间距大小以及颜色，鼠标左键同时选中矩形加文字，右击"建立剪贴蒙版"，使文字清晰地显示在合适的地方，如图 3-47 所示。

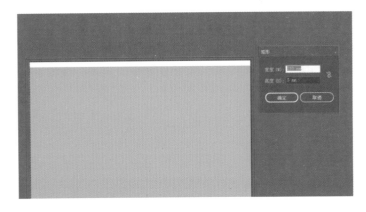
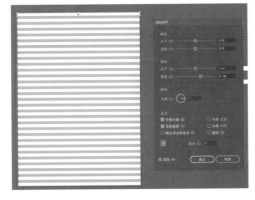

图 3-43   图 3-44

图 3-45   图 3-46   图 3-47

（10）选中所有文字，鼠标右键点击菜单栏"对象"—"封套扭曲"—"用网格建立"，设置行数为7，列数为4，点击"确定"。如图3-48所示。

（11）选中所有文字，鼠标右键点击菜单栏"对象"—"封套扭曲"—"用网格建立"，设置行数为7，列数为4，点击"确定"，扭曲文字效果便完成了，如图3-49所示。

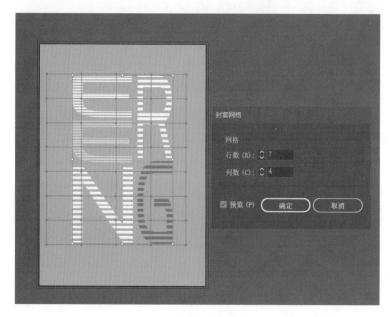

图 3-48

图 3-49

三、学习任务小结

本次任务主要讲解了混合工具与封套扭曲工具的使用方式、使用方法和使用技巧等知识点，同学们通过技能实训掌握了混合工具与封套扭曲工具的使用技巧。课后，同学们要进行反复实操练习，掌握其中技巧，加深对知识点的理解。

四、课后作业

完成立体字和扭曲文字的绘制。

学习任务 五 3D 效果

教学目标

（1）专业能力：能熟练使用 3D 效果工具；能用 3D 效果工具设计图形；能配合常用快捷键和 3D 效果一起使用。

（2）社会能力：具备设计新图形能力，能将平面图形创建为三维立体图形，利用 3D 效果工具来完成，从而提高绘图技巧。

（3）方法能力：能认真思考、做笔记，及时与老师和同学沟通，课上多练，课下复习知识点，加深对所学知识点的理解。

学习目标

（1）知识目标：掌握 3D 效果工具的使用方式、使用方法和使用技巧。

（2）技能目标：能进行 3D 效果工具的技能实训。

（3）素质目标：自主学习、勤加练习、举一反三。

教学建议

1. 教师活动

（1）合理组织知识点、分解步骤、实例示范、布置作业。

（2）示范 3D 效果工具的使用方法。

（3）结合岗位技能要求，组织学生进行 3D 效果工具的技能实训。

2. 学生活动

（1）课前活动：看书，预习 3D 效果工具的使用方法。

（2）课堂活动：听讲，观看教师示范，并在教师的指导下进行 3D 效果工具的技能实训。

（3）课后活动：总结、重复练习、举一反三、重视复习。

一、学习问题导入

运用 3D 效果工具能快速、简便地制作出具有立体感的文字和图形，再结合阴影、外发光等表现手法，提升文字和图形的艺术效果。本次学习任务就是通过实训来讲解 3D 效果工具的使用。

二、学习任务讲解与技能实训

3D 效果工具案例实训以立体字为例来讲解。

（1）启动 Adobe Illustrator CC 2018 软件，执行"新建"文档命令。预设详细信息：宽度为 297mm，高度为 210mm，横向，出血为 3mm，色彩模式为 CMYK，PPI 为 300。设置完成后单击"创建"按钮，如图 3-50 所示。

（2）鼠标左键单击工具箱的"文字工具" T，在创建的画板上打出"MEDE"，设置字符大小 208pt，如图 3-51 所示。

（3）鼠标左键点击菜单栏中的"效果"—"3D"—"凸出和斜角"，然后位置选择"等角－上方"，角度分别为 45°、35°、-30°，然后勾选"保留专色"，点击"确定"，如图 3-52 所示。

图 3-50

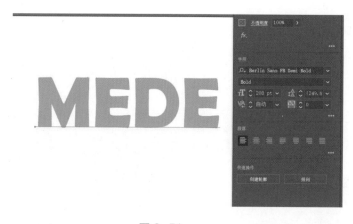

图 3-51

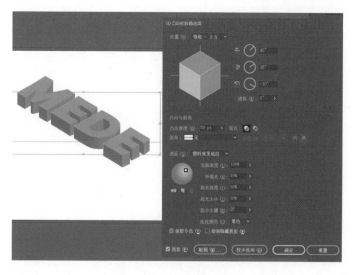

图 3-52

（4）选中文字，鼠标左键点击菜单栏中的"对象"—"扩展外观"，如图 3-53 所示。

（5）然后给文字添加一个底色，鼠标左键单击工具箱的"填色工具" ，在弹出的对话框中更改颜色为 F6FF7B，如图 3-54 所示。

（6）将文字逐个取消编组，鼠标左键选中文字的受光面，用"填色工具"将颜色更改为 83DDC7。点击"确认"后效果如图 3-55 所示。

（7）再将文字其他面改成自己喜欢的颜色，立体文字效果就完成了，如图 3-56 所示。

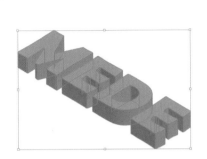

图 3-53

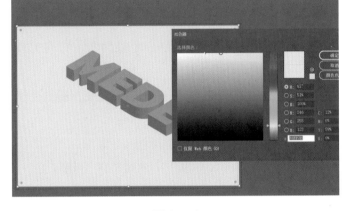

图 3-54

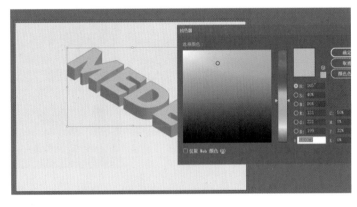

图 3-55

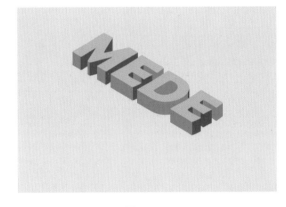

图 3-56

三、学习任务小结

本次任务主要讲解了 3D 效果工具的使用方式、使用方法和使用技巧等相关知识点，并通过案例技能实训提高了同学们运用 3D 效果工具制作立体文字的操作技巧。课后，同学们要进行反复实操练习，掌握其中技巧，加深对知识点的理解。

四、课后作业

完成一个立体字设计的作品。

项目四
文字排版与图表制作技能实训

文字工具、区域文字工具、外观面板

教学目标

（1）专业能力：能设置文本对象的字符格式；能设置行距、字体水平和垂直比例、字体间距；能置入文本，完成文本对象的剪切、复制和粘贴，转换文字排列方向，调整文本框；能使用区域文字工具、直排区域文字工具和外观面板。

（2）社会能力：具备一定的文字编排能力和语言表达能力。

（3）方法能力：能多问、多思、勤动手。

学习目标

（1）知识目标：掌握文字设置、文本框、区域文字和外观面板的使用方法，以及文字编排的技巧。

（2）技能目标：能在教师的指导下进行文字工具、区域文字工具和外观面板的技能实训。

（3）素质目标：一丝不苟、细致观察、自主学习、举一反三。

教学建议

1. 教师活动

（1）热爱学生，知识丰富，技能精湛，能讲解文字工具、区域文字工具和外观面板的使用方法。

（2）做教案课件，分步骤讲解文字工具、区域文字工具和外观面板的使用方法。

（3）讲解清晰，重点突出，指导学生进行文字工具、区域文字工具和外观面板的操作技能实训。

2. 学生活动

（1）课前活动：看书，预习文字工具、区域文字工具和外观面板的使用方法。

（2）课堂活动：听讲，看教师示范，在教师的指导下进行文字工具、区域文字工具和外观面板的操作技能实训。

（3）课后活动：总结，做笔记，写步骤，举一反三。

一、学习问题导入

在广告设计中，文字编排是重要的组成部分，海报、画册、书籍装帧设计都离不开文字的编排设计。Adobe Illustrator CC 2018 提供了强大的文本编辑和图文混排功能。文本对象和一般图形对象可以进行各种变换和编辑，同时还可以通过应用各种外观和样式属性制作出绚丽多彩的文本效果。Adobe Illustrator CC 2018 工具面板中提供了 6 种文字工具，可以输入各种类型的文字，以满足不同的文字处理需求。一般情况下，在 Adobe Illustrator CC 2018 中输入文字，多使用文字工具区域和直排区域文字工具创建沿水平和垂直方向的文字。在 Adobe Illustrator CC 2018 中除了直接输入文本，还可以通过文本框创建文本输入的区域。输入的文本会根据文本框的范围自动换行。使用区域文字工具或直排区域文字工具可以在形状区域内输入所需的横排或竖排文本。外观面板可创作文字特效，例如描边字、阴影字、变形文字等。

二、学习任务讲解与技能实训

1. 文字工具案例实训：音乐会海报制作

（1）启动 Adobe Illustrator CC 2018 软件，按 Ctrl+N 组合键新建文档，设置纸张大小为 A3，取向为纵向，颜色模式为 CMYK，分辨率为 300PPI，设置完成后单击"确定"按钮。

（2）打开"音乐海报文字"素材，选择所有文字，按 Ctrl+C 组合键复制文字，点击工具箱中的"文字工具"⊤，按 Ctrl+V 组合键粘贴文字。在"集"字前单击鼠标，出现闪烁光标向右拖动选择文字"集时行乐"，按 Ctrl+C 复制文字，点击鼠标左键长按"文字工具"⊤选择子菜单"直排文字"⊺，在页面中点击鼠标 Ctrl+V 组合键粘贴文字。

（3）设置"集时行乐"四个字字体为创艺简标宋，文字大小为 160pt，如图 4-1 所示。

（4）用同样的方法复制粘贴"趣玩生活""爱造随你"，设置字体为"华文中宋"，文字大小为"60pt"，在"爱"字前点击鼠标，出现光标后按空格键将"爱"字下移到一定位置，再复制粘贴"FUN LIFE"，放置到相应位置，选择两组文字，点击属性栏中的"水平居中对齐"工具将文字对齐，如图 4-2 所示。

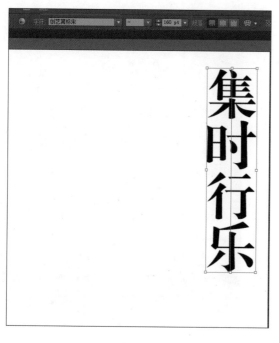

图 4-1

图 4-2

（5）选择"横排文字工具"T，分别复制粘贴"分享人"" Patrick""帕特里克"，选择菜单栏"文字"—"文字方向"—"垂直"，将文字转换为竖排。分别将文字设置相应的字体和大小，可以灵活设置排版，将文字选中并点击"对齐面板"中的"顶部对齐"将文字顶部对齐，如图4-3所示。

（6）选择"横排文字工具"T，复制粘贴文字"20:00/22:30"，选择"工具箱"中的"选择工具"，将光标放置在边角变成旋转工具后，将其旋转90°。选择"字符面板"，将文字改为"创艺简标宋"，字号"60pt"，字间距为"75"，如图4-4所示。

（7）运用同样的方法复制粘贴文字"预售 158元"和"现场 228 元"，根据版面设置文字大小，可根据版式灵活设置。选择工具栏"矩形工具"，绘制一个矩形，设置为"黑色"，选择"158 元"并点击鼠标右键菜单，选择"排列"—"置于顶层"，将文字"158 元"放置在黑色矩形上方，并将黑色色块和文字垂直水平居中对齐，将文字"预售"和"现场"改为直排文字，调整到相应字号，如图4-5所示。

（8）用上述方法编排剩余的文字，如图4-6所示。

（9）在底部绘制矩形，将其设置为蓝色，将文字设置为白色，如图4-7所示。

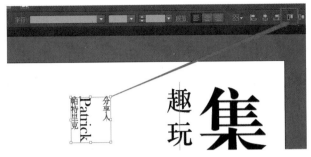

图4-3

图4-4

图4-5

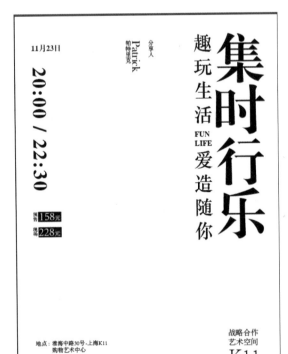

图4-6

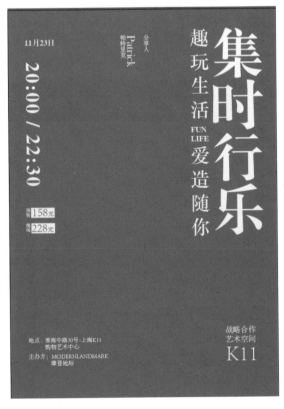

图4-7

2. 区域文字工具案例实训：杂志内页设计

（1）启动 Adobe Illustrator CC 2018 软件，按 Ctrl+N 组合键新建文档，设置纸张大小为 A4，取向为横向，颜色模式为 CMYK，分辨率为 300PPI，设置完成后单击"确定"按钮。选择工具箱"矩形工具" ，在图纸中绘制一个正方形，如图 4-8 所示。

（2）选择工具箱 ，长按小三角符号拉出附属工具栏并选择"剪刀工具"，在矩形上按 Ctrl 键绘制直线，将其分割成三角形，如图 4-9 和图 4-10 所示。

（3）选择工具箱 将三角形稍微移动并分开，如图 4-11 所示。选择"文字工具" ，长按弹出下拉菜单，选择"区域文字工具"，如图 4-12 所示。

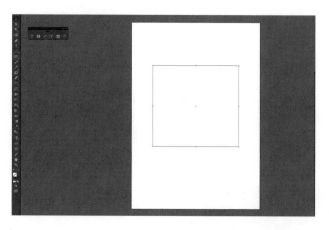

图 4-8　　　　　　　　　　　　　　　　　图 4-9

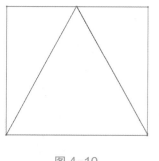

图 4-10

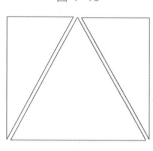

图 4-11

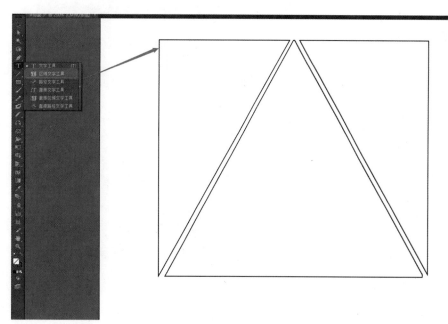

图 4-12

（4）打开"文字杂志素材"，按 Ctrl+A 组合键全选文字，按 Ctrl+C 组合键复制文字，切换到软件面板，将鼠标移到三角形内，光标变成图 4-13 所示的形状。按 Ctrl+V 组合键粘贴文字，将字体设置为华文宋体，字号为 12pt，效果如图 4-14 所示。

（5）点击文本右下方红色符号，在中间的三角形内点击鼠标左键，文本中未显示完全的文字会连接到中间三角形，按照该方法将文字放置到最后一个三角形区域内，如图 4-15 所示。

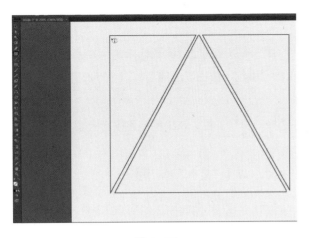

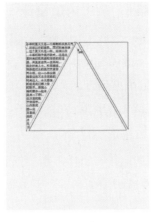

图 4-13   图 4-14   图 4-15

（6）选择菜单"窗口"—"文字"—"段落"，将文字设置为两端对齐，文字颜色分别改为蓝色和黄色，如图 4-16 和图 4-17 所示。

（7）在文本下方输入标题文字"不一样的夏天"，字体设置为"文鼎 CS 大黑繁"，字号为 72pt，标题与文本垂直居中对齐。最终效果如图 4-18 所示。

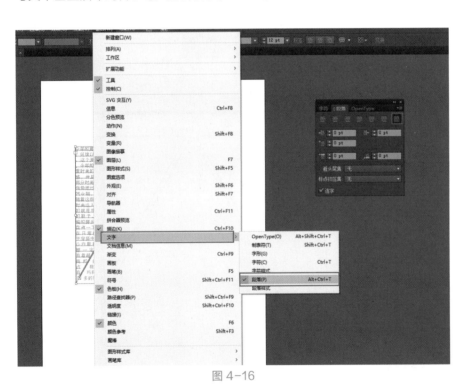

图 4-16

图 4-17

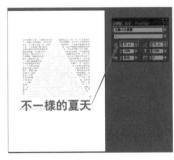

图 4-18

3. 外观面板案例实训：描边字效果

（1）启动 Adobe Illustrator CC 2018 软件，按 Ctrl+N 组合键新建文档，设置纸张大小为 A4，取向为纵向，颜色模式为 CMYK，分辨率为 300PPI，设置完成后单击"确定"按钮。选择工具箱"文本工具" T ，输入"吴之热血 为你而战"，如图 4-19 所示。

（2）选择菜单栏"窗口"—"外观"或按键盘 Shift+F6 组合键调出"外观面板"，如图 4-20 所示。

（3）点击"外观面板"右上角按钮，在下拉菜单中选择"添加新填色"，如图 4-21 所示。

图 4-19

图 4-20

图 4-21

（4）为文字添加图案，选择"外观面板"填色小三角按钮，弹出色板库，选择左下角色板库，选择"图案"—"装饰"—"Vonster 图案"，如图 4-22 所示。

（5）在"Vonster 图案"中选择相应图案，将描边粗细设置为"1pt"，颜色为"黄色"，设置 CMYK 参数（C：0，M：0，Y：100，K：0），如图 4-23 所示。

（6）为文字添加描边，选择"外观面板"右上角按钮，选择"添加新描边"，将第二层描边粗细设置为"3pt"，颜色设置为"红色"，设置 CMYK 参数为（C：15，M：100，Y：90，K10），如图 4-24 和图 4-25 所示。

（7）为文字变形，选择"外观面板"左下角添加新效果按钮 fx.，选择下拉菜单"变形"—"凸壳"，在"变形选项"中，将扭曲水平参数设置为"-60%"，如图 4-26 和图 4-27 所示。

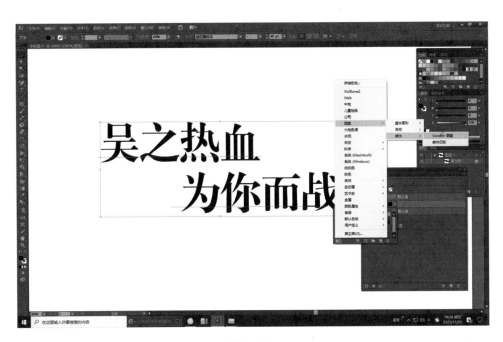

图 4-22

图 4-23

图 4-24

图 4-25

图 4-26

图 4-27

三、学习任务小结

本次任务主要讲解了文字工具、区域文字工具和外观面板的使用方法，以及文字编排的设计技巧，并进行了文字间距设置、字排列方向、区域文本及文字描边、图案填充等命令的技能实训。课后，同学们要将这些命令进行反复练习，结合编排设计的原则，做到举一反三，熟能生巧，提高设计的效率。

四、课后作业

完成音乐会海报制作、杂志内页设计、描边字效果。

路径文字工具和文本绕排

教学目标

（1）专业能力：能使用路径文字工具和直排路径文字工具设计曲线文字，掌握路径文字调整的方法和技巧；能运用文本绕图方法排版图文，掌握文本绕排选项的设置方法。

（2）社会能力：具备一定的图文编排设计能力和形象思维能力。

（3）方法能力：能多问、多思、勤动手，理论结合实践。

学习目标

（1）知识目标：掌握路径文字工具使用技巧，以及文本绕排使用方法和参数设置。

（2）技能目标：能进行路径文字调整、文本绕排、链接文本框等命令的技能实训。

（3）素质目标：一丝不苟、细致观察、自主学习、举一反三。

教学建议

1. 教师活动

（1）热爱学生，技能精湛，能讲解路径文字调整、文本绕排等命令的使用方法和操作技巧。

（2）做教案课件，分步骤讲解路径文字调整、文本绕排等命令的使用方法和操作技巧。

（3）讲解清晰，重点突出，能指导学生进行文字调整、文本绕排等命令的技能实训。

2. 学生活动

（1）课前活动：看书，预习路径文字调整、文本绕排等命令的使用方法。

（2）课堂活动：看教师示范，并在教师的指导下进行路径文字调整、文本绕排等命令的技能实训。

（3）课后活动：总结，做笔记，举一反三。

一、学习问题导入

在文字编排设计中，有时候需要设计曲线文字用于活跃画面效果。Adobe Illustrator CC 2018 提供了路径文字工具和文本绕排工具。本次任务通过圆形图标制作和杂志内页编排设计两个案例实训，讲解如何使用路径文字工具和直排路径文字工具，让文本沿着一个开放或闭合路径的边缘进行水平或垂直方向的排列。同学们能学习如何建立文本绕排，如何调整图文的比例关系，结合图文编排设计原则设计出具有视觉美感的版面效果。

二、学习任务讲解与技能实训

1. 路径文字工具案例实训：圆形图标制作

（1）启动 Adobe Illustrator CC 2018 软件，按 Ctrl+N 组合键新建文档，设置纸张大小为 A4，取向为横向，颜色模式为 CMYK，分辨率为 300PPI，设置完成后单击"确定"按钮。选择工具栏"矩形工具" ▓，点击小三角按钮选择"圆形工具"，在画板中绘制一个圆形，参数设置如图 4-28 所示。

（2）绘制星形，选择"矩形工具" ▓下拉菜单中的"星形工具"，在画板中单击鼠标左键，弹出"星形面板"，设置半径 1 为 30mm，半径 2 为 35mm，角点数为 30，接着框选星形和圆形，选择属性面板中的"水平居中对齐"和"垂直居中对齐"。参数如图 4-29 ~ 图 4-31 所示。

图 4-28 　　　　　　　　图 4-29 　　　　　　　　图 4-30

图 4-31

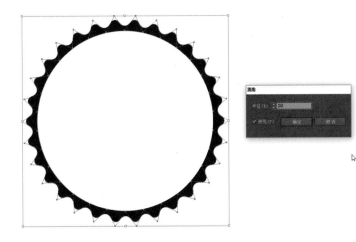

（3）将星形变为圆角，选择星形，选择菜单栏"效果"—"风格化"—"圆角"，圆角半径设置为 20，勾选"预览"。将星形设置为黑色，并放置在底层，选择星形点击右键菜单，选择"排列"—"置于底层"，也可以按 Shift+Ctrl+[组合键置于底层，如图 4-32 所示。

（4）将圆形剪断，在中心再绘制一个圆形，选择菜单栏，点击鼠标左键长按出下拉菜单，选择"剪刀工具"，在圆形两端分别点击一下，圆形断开，如图 4-33 所示。

图 4-32

（5）在路径中输入文字，选择"文字工具"下拉菜单中的路径文字工具，在圆形上半部分路径点击鼠标左键输入文字，字体设置为"Berlin Sans FB Demi Bold"，字号为"12pt"，如图4-34所示。

（6）调整路径文字位置，点击箭头位置，将文字重心向右边拖动，如图4-35所示。

（7）继续在下方路径输入文字，设置字体为"Berlin Sans FB Demi Bold"，字号为"12pt"，将鼠标移至下方路径，待光标显示为图4-36箭头所指处，光标变为路径文字符号后，方可点击鼠标左键输入文字，再将鼠标移动到图4-37箭头所指处，将文字向右拖动到合适的位置。

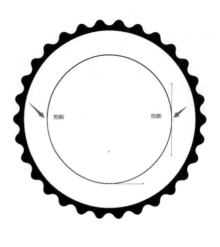

图 4-33

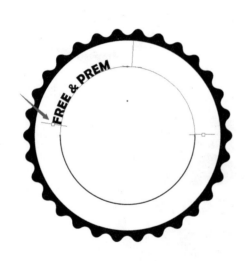

图 4-34

图 4-35

图 4-36

图 4-37

（8）设置路径文字。点击下方文字，选择菜单栏"文字"—"路径文字"—"路径文字选项"，设置效果为"彩虹效果"，对齐路径设置为"字母上缘"，间距设置为"20pt"，勾选"翻转"和"预览"，观察效果，设置完成后单击"确定"按钮，如图 4-38 所示。

（9）设置上方文字，点击上方文字，在路径文字选项中设置效果为"彩虹效果"，对齐路径设置为"基线"，间距设置为"-18pt"，勾选"预览"，观察效果，设置完成后单击"确定"按钮，如图 4-39 所示。

（10）在画板上输入"CREATIVE"，字体设置为"Berlin Sans FB Demi Bold"，字号为"24pt"，在其下方绘制一个白色矩形，将文字和矩形设置为"水平居中对齐"和"垂直居中对齐"，将底部圆形填充为黑色，运用排列将图层放在合适位置，再绘制一个圆形，设置为黑色描边，运用"对齐工具"中的"居中对齐"，最终效果如图 4-40 所示。

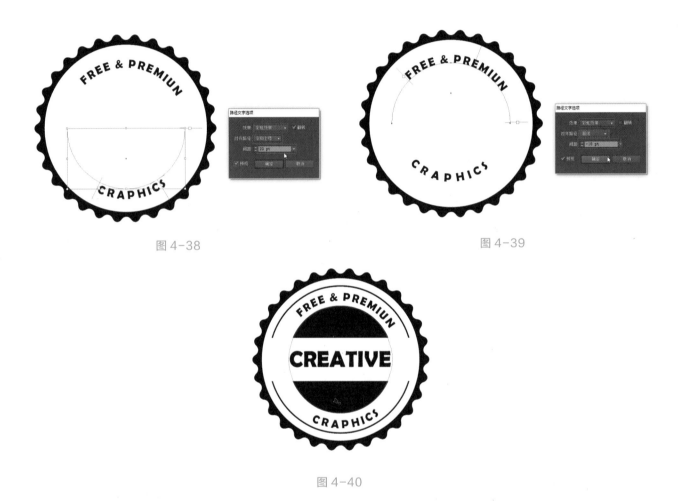

图 4-38　　　　　　　　　　　　　　　　　　　图 4-39

图 4-40

2. 文本绕图工具案例实训：时尚杂志内页设计

（1）启动 Adobe Illustrator CC 2018 软件，按 Ctrl+N 组合键新建文档，设置纸张大小为 A4，取向为纵向，颜色模式为 CMYK，分辨率为 300PPI，设置完成后单击"确定"按钮。

（2）设置页面，按 Ctrl+R 组合键调出标尺，从标尺中按鼠标左键拖出参考线，边距为"20mm"，选择工具栏中的"文本工具" T，在画板上输入"时尚美学文化"，如图 4-41 所示。

（3）打开"杂志文字素材"，按 Ctrl+A 全选文字，再按 Ctrl+C 复制文字，回到工作面板，选择"文字工具"，在画板上按鼠标左键拉出一个文本框，按 Ctrl+V 粘贴文本，按快捷键 Ctrl+T 调出"字符"面板，也可选择菜单"窗口"—"文字"—"字符"调出面板，设置字体为"宋体"，字号为"12pt"，行间距为"18pt"，字间距为"100"，效果如图 4-42 所示。

图 4-41

图 4-42

（4）将文字分栏，文本框缩放一半，点击图 4-43 箭头所指处，在文本右边拉出一个文本框，如图 4-44 所示。

图 4-43

图 4-44

（5）导入图片素材，选择菜单栏"文件"—"置入"，找到素材文件夹后将图片置入文本，并将图片调整好大小，放在相应位置，如图 4-45 所示。

（6）设置文本绕图，将图片放置在文字层上方，选择菜单栏"对象"—"文本绕排"—"建立"，文本围绕图片排版，如图 4-46 所示。提示：图片必须放置在文本上方，文本绕图才有效。

（7）设置文本绕图的间距，框选文本和图片，选择菜单栏"对象"—"文本绕排"—"文本绕排选项"，设置位移为"6pt"，勾选"预览"观察效果，设置完成后单击"确定"按钮。将文本两端对齐，调整文本版面，如图 4-47 和图 4-48 所示。

（8）调整图片大小，调整图文版面，最终效果如图 4-49 所示。

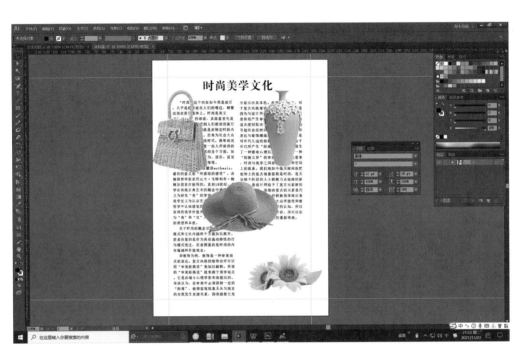

图 4-45

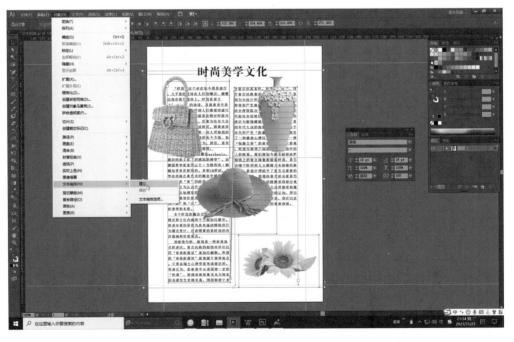

图 4-46

图 4-47

图 4-48

图 4-49

三、学习任务小结

本次任务主要讲解了使用路径文字工具、直排路径文字工具设计曲线文字和圆形图标的绘制方法。课后，同学们要反复练习，结合编排设计美的原则，运用网格排版的方法，提高设计效率。

四、课后作业

完成圆形图标、时尚杂志内页设计。

学习任务 三 文字排版

教学目标

（1）专业能力：掌握杂志栏目的设计思路和过程，能运用文字编辑、文本排列、文本绕排、文字路径工具进行杂志内页的文字排版。

（2）社会能力：具备一定的图文编排能力和艺术审美能力。

（3）方法能力：能多问、多思、勤动手，将理论与实践操作紧密结合。

学习目标

（1）知识目标：掌握文字编辑、文本排列、文本绕排、文字路径工具的使用技巧。

（2）技能目标：能进行图文编排、文字排版、文字路径工具技能实训。

（3）素质目标：一丝不苟、细致观察、自主学习、举一反三。

教学建议

1. 教师活动

（1）热爱学生，技能精湛，熟悉图文编排、文字排版、文字路径工具的使用方法。

（2）做教案课件，分步骤讲解和示范图文编排、文字排版、文字路径工具的使用方法。

（3）讲解清晰，能指导学生进行图文编排、文字排版、文字路径工具的技能实训。

2. 学生活动

（1）课前活动：看书，预习图文编排、文字排版、文字路径工具的使用方法。

（2）课堂活动：听讲，看教师示范，在教师的指导下进行图文编排、文字排版、文字路径工具的技能实训。

（3）课后活动：归纳总结图文编排、文字排版、文字路径工具的技能、技巧，做笔记，举一反三。

一、学习问题导入

  杂志是专项的宣传媒介，它具有目标受众准确、实效性强、宣传效果显著等特点。时尚生活类杂志的设计较为轻松活泼、色彩丰富。正文的图文编排可以灵活多变，但要注意把握风格的整体一致性。本次任务以家具杂志栏目为例，讲解杂志的设计方法和制作技巧。该案例制作使用复制粘贴命令和文字工具修改栏目标题，使用置入命令、矩形工具、创建剪贴蒙版命令和旋转工具制作图片效果，使用文字工具和字符面板添加栏目内容，使用路径文字工具制作沙发边缘曲线文字，使用文本绕排方法编排文字。

二、学习任务讲解与技能实训

  （1）启动 Adobe Illustrator CC 2018 软件，按 Ctrl+N 组合键新建文档，设置纸张大小为 A3，取向为横向，颜色模式为 CMYK，分辨率为 300PPI，设置完成后单击"确定"按钮。

  （2）给页面设置参考线，按 Ctrl+R 调出标尺，从标尺处拉出参考线，页边距设置为"20mm"，标尺拖到中间"210mm"位置，版面整体布局利用参考线拉网格，如图 4-50 所示。

  （3）导入素材图片，选择菜单栏"文件"—"置入"，导入素材文件，选择"属性栏"中的"嵌入"嵌入图片，如图 4-51 和图 4-52 所示。

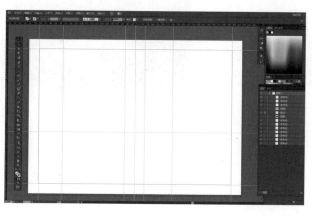

图 4-50

图 4-51

图 4-52

（4）在页面中绘制一个圆形，将圆形描边设置为红色，粗细设为"20pt"，如图4-53所示。

（5）设置文字格式，打开"文字素材"，将文字复制粘贴到画板，设置标题文字"红色洋溢"字体为"创艺简标宋"，字号为"24pt"；英文字体为"Adobe 宋体 Std L"，字号为"11pt"，字间距为"50"；正文文字字体设置为"Adobe 宋体 Std L"，字号为"11pt"，行距为"18pt"。选择所有文字，点击"属性栏"—"水平居中对齐"，参数设置如图4-54 ~ 图4-56所示，效果如图4-57所示。

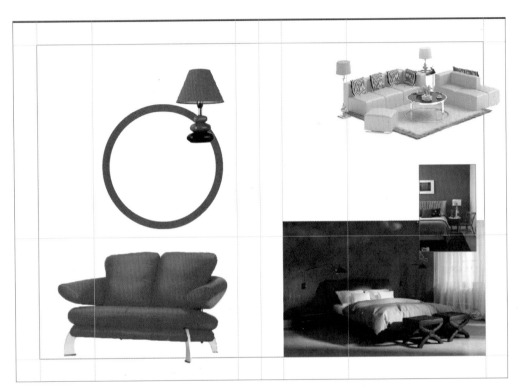

图 4-54

图 4-55

图 4-53

图 4-56

图 4-57

（6）选择菜单栏"文件"—"置入"，置入"01.png 灯具剪影图"，调整大小，选择"文字工具" T 输入"时尚家具"，设置字体为"创艺简标宋"，字号为"24pt"，行距为"26pt"，字间距为"50"，如图 4-58 所示。

（7）路径文字，选择工具箱中的"钢笔工具" ，沿着沙发绘制曲线，选择"路径文字工具" ，将鼠标移动到路径前端，如图 4-59 所示。

（8）沿路径输入文字，选择标题栏文字，复制文字，选择"路径文字工具" ，将鼠标移动到路径前端，粘贴文字。设置字体为"Adobe 宋体 Std L"，大小为"9pt"，字间距为"300"，如图 4-60 所示。

（9）复制正文文字，将"实木家具……"段落复制粘贴到画板，设置字体为"宋体"，字号为"11pt"，行距为"18pt"，如图 4-61 所示。

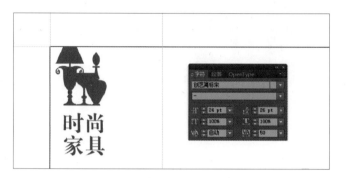

图 4-58

图 4-59

图 4-60

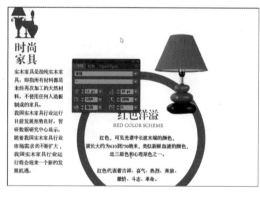

图 4-61

（10）框选"灯具剪影图"和"时尚家具"，按 Ctrl+G 组合键编组，点击右键菜单在弹出的菜单栏选择"排列"—"置于顶层"，确保图在文字上方，如图 4-62 所示。

（11）调整文本绕图，框选文字和图片，选择菜单栏"对象"—"文本绕排"—"文本绕排选项"，设置位移为"8pt"，勾选"预览"观察效果，设置完成后单击"确定"按钮，如图 4-63 所示。

（12）继续复制文字，设置标题"客厅"为"微软雅黑"，字号为"14pt"，在标题"客厅"下面绘制一个矩形，设置为红色，如图 4-64 所示。

（13）设置"客厅"正文字体为"宋体"，字号为"12pt"，行距为"18pt"，参数如图 4-65 所示。

图 4-62

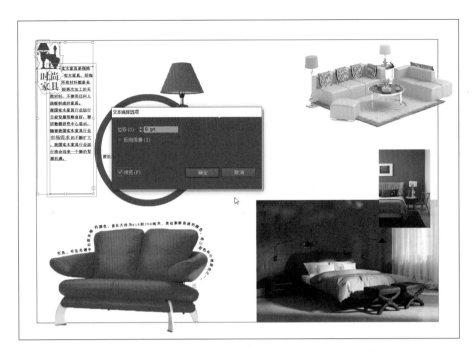

图 4-63

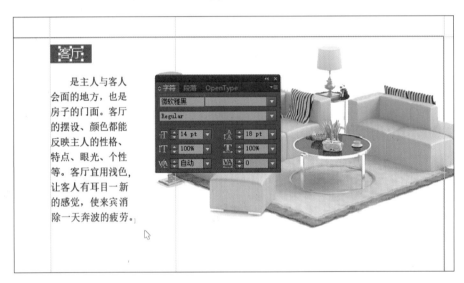

图 4-64

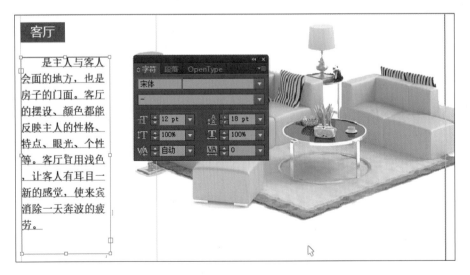

图 4-65

（14）框选"客厅"文字和矩形框，选择"属性栏"中的"水平居中对齐"和"垂直居中对齐"，如图 4-66 所示。

（15）继续将素材文字复制到画板中，将"特色景区推荐"字体设置为"宋体"，字号设置为"12pt"，行距为"18pt"。用上面同样的方法给标题添加红色色块，并将文字调整到合适位置，如图 4-67 所示。

（16）调整好整体版面，全屏预览，按 Ctrl+S 组合键保存文件，最终效果如图 4-68 所示。

图 4-66

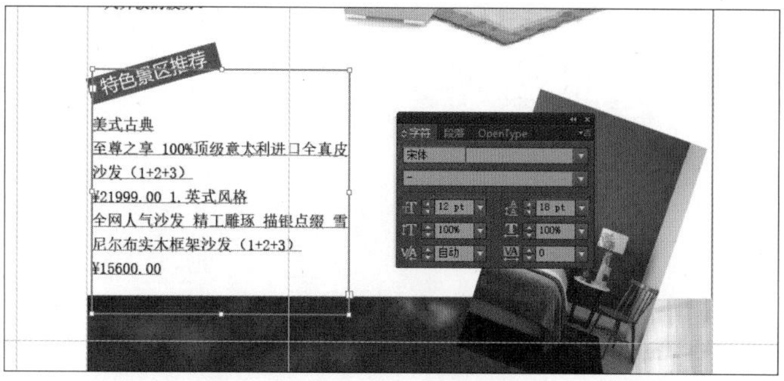

图 4-67

图 4-68

三、学习任务小结

本次学习任务讲解了制作家具杂志内页的步骤和方法，同学们对画册和杂志内页的图文编排有了全面认识，同时，能够掌握文字编辑、文本排列、文本绕排、文字路径工具的使用方法。课后，希望同学们按照本次任务所学方法和步骤，举一反三，结合图文编排设计的形式美原则，设计出好的书籍编排作品。

四、课后作业

参照本次任务中的案例完成家具杂志内页制作。

学习任务 四

图表制作工具

教学目标

（1）专业能力：掌握图表的创建方法，了解不同图表之间的转换技巧，掌握图表的属性设置，掌握自定义图表图案的方法；能有针对性进行广告设计专业实训，用以导学、检学和促学。

（2）社会能力：提高图表制作的文字编排能力、色彩搭配能力和图表修饰能力。

（3）方法能力：能多看课件多看视频，认真倾听多做笔记，多问多思勤动手；课堂上小组活动主动承担责任，相互帮助；课后在专业技能上主动多实践。

学习目标

（1）知识目标：通过软件相关功能的解析学习各种图表制作类型的方法和技巧；

（2）技能目标：图表创建与设置、图表颜色、图表属性设置等命令的技能实训；

（3）素质目标：一丝不苟、细致观察、自主学习、举一反三。

教学建议

1. 教师活动

（1）要热爱学生、知识丰富、技能精湛、难易适当、加强实用性。

（2）做教案课件、图形成果、分解步骤、实例示范、加强针对性。

（3）要讲解清晰、重点突出、难点突破、因材施教、加强层次性。

（4）根据该广告设计专业的岗位技能要求，教授知识点，并组织技能实训。

2. 学生活动

（1）课前活动：看书、看课件、看视频、记录问题，重视预习。

（2）课堂活动：听讲、看课件、看视频、解决问题，反复实践。

（3）课后活动：总结，做笔记、写步骤、举一反三，螺旋上升。

（4）专业活动：推选优秀的学生作业进行现场展示和讲解，训练学生的语言表达能力和沟通协调能力。

一、学习问题导入

Adobe Illustrator CC 2018 不仅具有强大的绘图功能，而且还具有强大的图表处理功能。它提供了 9 种基本图表形式，使用图表工具，可以创建各种不同类型的表格，以更好地呈现复杂的数据。另外，自定义图表各部分的颜色，以及将创建的图案应用到图表中，能更加生动地表现数据内容。本次任务以制作统计表为主线讲解图表种类和创建、图表设置等。本次任务用任务驱动法和项目案例法，充分发挥学生自主学习的能动性。

二、学习任务讲解与技能实训

（1）按 Ctrl+N 组合键，新建一个文档，宽度为 297mm，高度为 210mm，取向为横向，颜色模式为 CMYK，单击"确定"按钮。

（2）选择"条形图"工具，在页面中单击鼠标，在弹出的"图表"对话框中进行设置，如图 4-69 所示，单击"确定"按钮。

（3）在弹出"图表数据"对话框中输入需要的文字和数据，如图 4-70 所示。输入完成后，单击"应用"按钮，关闭"图表数据"对话框，建立柱形图表，效果如图 4-71 所示。

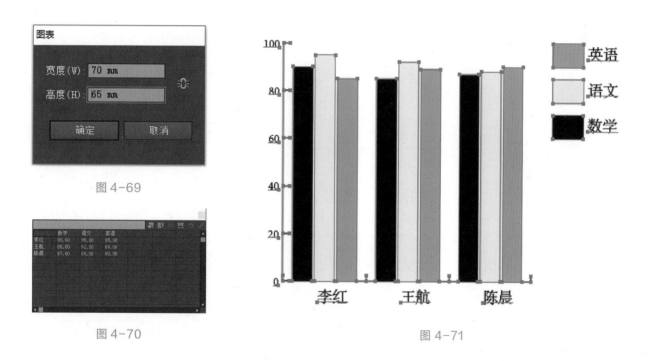

图 4-69

图 4-70

图 4-71

项目 ④ 文字排版与图表制作技能实训

（4）选择"直接选择工具"，选取图表中的黑色色块，按 Shift 键加选其他黑色色块，设置图形填充色为红色，按照此方法修改其他色块颜色，将文字设置为蓝色，将所有色块设置为无描边填充，最终效果如图 4-72 所示。

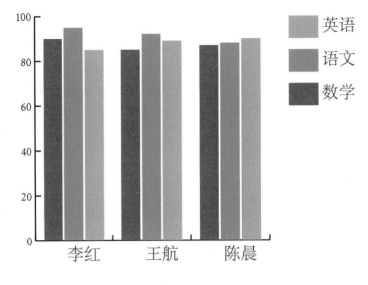

图 4-72

三、学习任务小结

本次任务主要学习了图表创建与设置、图表颜色设置、图表属性设置等命令，进行了统计表制作技能实训。课后，同学们要结合本次任务所学的知识，举一反三，拓展绘制出其他样式的图表。

四、作业布置

完成图 4-72 图形的绘制。

项目五
画笔与符号技能实训

学习任务 一

画笔工具和画笔面板

教学目标

（1）专业能力：掌握画笔工具的使用方法以及画笔面板中各按钮的用法，能将画笔库中的画笔添加到画笔面板中。

（2）社会能力：通过对画笔工具和画笔面板的用法训练，学会独立完成平面设计作品，并能制作出精美的广告设计作品。

（3）方法能力：能多练、多看、多问、多思，主动实践，体验画笔工具的笔触效果。

学习目标

（1）知识目标：了解画笔工具和画笔面板的相关知识和使用方法。

（2）技能目标：能熟练运用画笔工具制作平面设计作品。

（3）素质目标：培养信息汇总及分类整理能力，能够根据不同的任务使用不同的画笔工具。

教学建议

1. 教师活动

（1）教师课前收集各种不同类型的画笔制作的平面设计案例，采用图片讲解的形式提高学生使用画笔工具的兴趣。

（2）做教案课件，展示画笔图形成果，分解制作步骤，进行实例示范，指导学生完成海报案例设计。

（3）展示优秀的海报设计作品，让学生感受优秀作品的设计，在欣赏中熟练运用画笔工具自主完成海报的设计制作。

2. 学生活动

（1）分组展示和讲解运用画笔工具制作的设计作品，提高语言表达能力和沟通协调能力。

（2）积极参与课堂提问与技能实训，激发自主学习能力。

一、学习问题导入

画笔工具是 Adobe Illustrator CC 2018 软件中的重要工具,利用好画笔工具能使设计作品的表现力更加丰富,效果更加多样,增添设计作品的艺术美感。那么应该如何使用画笔工具呢?本次课我们就一起来学习一下。

二、学习任务讲解与技能实训

1. 画笔工具

在 Adobe Illustrator CC 2018 软件中,画笔工具主要用于绘制矢量图形。画笔工具分为画笔工具与斑点画笔工具。画笔工具中的画笔类型有很多种,分别为书法画笔、散点画笔、毛刷画笔、图案画笔和艺术画笔。书法画笔是较为常用的画笔形式,可以模拟实际书法的笔尖状态;散点画笔是表现喷溅效果的散点状态画笔;毛刷画笔模拟毛刷绘画的笔触效果;图案画笔可以将设置的图案应用于画笔中,可沿路径重复平铺;艺术画笔是艺术性的画笔。

制作设计作品时可以使用不同的画笔笔触来绘制多种多样的图形,也可以使用自定义画笔来绘制,只需要通过"新建画笔"命令,将自制的画笔添加到画笔面板中即可,这样就可以绘制出更加丰富的图形效果。

单击工具箱中的"画笔工具"按钮,在页面中拖动鼠标可以绘制路径。双击"画笔工具"按钮,可以打开"画笔工具选项"对话框,在对话框中可以设置画笔的保真度等属性。具体如图 5-1 所示。

图 5-1

"画笔工具选项"对话框如图 5-2 所示。各属性含义如下。

（1）保真度：用于设置画笔的精确与平滑,以像素为单位。

（2）填充新画笔描边：用于设置使用画笔工具进行绘制的同时填充路径。

（3）保持选定：保持当前绘制路径的选定状态。

（4）编辑所选路径：使用画笔工具编辑所选路径。

（5）范围：用于设置编辑路径的范围。

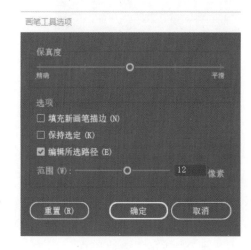

图 5-2

2. 画笔面板

执行"窗口"—"画笔"命令,打开"画笔面板",可在画笔面板中选择预设的画笔笔触,如图 5-3 所示。

画笔面板属性含义如下。

（1）单击画笔面板右上角扩展按钮▤,可弹出快捷菜单,可通过快捷菜单中的命令完成对画笔的操作。

（2）移去画笔描边：单击此按钮可以移去画笔的描边。

（3）所选对象的选项：打开所选对象的"描边选项"对话框,如图 5-4 所示。

（4）新建画笔：打开"新建画笔"对话框,如图 5-5 所示。

（5）删除画笔：在画笔面板中选择要删除的画笔,单击此按钮即可删除画笔。

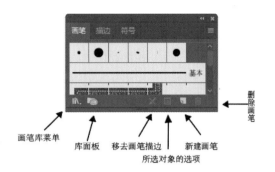

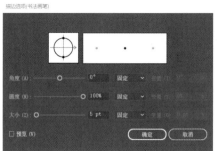

| 图 5-3 | 图 5-4 | 图 5-5 |

3. 斑点画笔工具

在 Adobe Illustrator CC 2018 软件中，画笔工具下还有斑点画笔工具 ，双击斑点画笔工具的图标，可弹出斑点画笔工具的设置面板，在设置面板中除了与画笔工具一样可设置保真度外，还可以设置画笔的大小、角度、圆度，如图 5-6 所示。

斑点画笔工具与画笔工具的区别在于斑点画笔工具用于填充。斑点画笔绘制的图形属性一样，图形会结合；属性不一样，则不结合，如图 5-7 所示。而画笔工具用于描边，如图 5-8 所示。

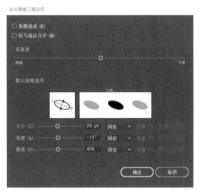

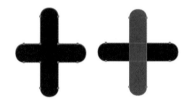

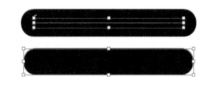

| 图 5-6 | 图 5-7 | 图 5-8 |

4. 画笔案例实训：海报制作

运用画笔工具制作尺寸为 210mm×297mm 的海报，如图 5-9 所示。

（1）新建文档。

启动 Adobe Illustrator CC 2018 软件，执行"新建"文档命令。预设详细信息：文字为"春季促销海报设计"，宽度为 210mm，高度为 297mm，出血为 0mm，色彩模式为 CMYK，分辨率为 300PPI，设置完成后单击"创建"按钮，如图 5-10 所示。

（2）绘制背景。

使用矩形工具绘制一个与页面同样大小的矩形，填充为玫红色（C：0，M：91，Y：52，K：0）到白色（C：0，M：0，Y：0，K：0）的径向渐变，无描边颜色。"渐变"面板参数设置如图 5-11 所示，页面效果如图 5-12 所示。执行"对象"—"锁定"—"所选对象"命令，锁定背景。

图 5-9

图 5-10

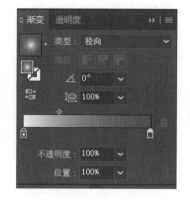
图 5-11

图 5-12

（3）绘制彩带。

使用矩形工具绘制一个 100mm×5mm 的矩形，按住 Alt+Shift 键的同时向下平移，复制 3 个矩形。4 个矩形分别填充为玫红色（C：0，M：95，Y：20，K：0）、白色（C：0，M：0，Y：0，K：0）、橙色（C：0，M：80，Y：95，K：0）、草绿色（C：50，M：0，Y：100，K：0），无描边颜色，同时选中 4 个矩形，按 Ctrl+G 键编组对象，效果如图 5-13 所示。

执行"窗口"—"画笔"命令，打开"画笔"面板。单击"新建画笔"按钮，打开"新建画笔"对话框，选择新建画笔类型为"艺术画笔"，点击"确定"按钮，如图 5-14 所示。弹出"艺术画笔选项"对话框，在对话框内输入名称为"彩带"，单击"确定"按钮，在画笔面板中添加"彩带"画笔，如图 5-15 所示。

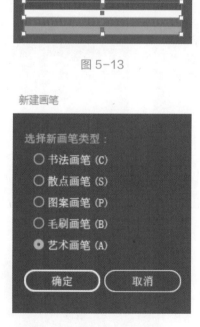
图 5-13

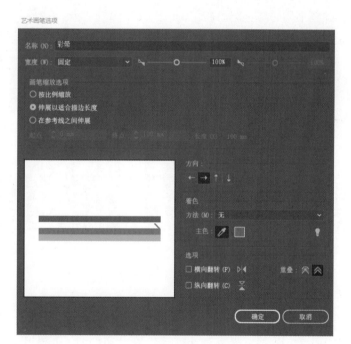
图 5-14

图 5-15

在页面中删除编组的彩色矩形，使用钢笔工具绘制路径，如图 5-16 所示。选中路径，在画笔面板中选择新建的画笔彩带，在页面中即可得到彩带路径，效果如图 5-17 所示。

使用宽度工具调整彩带路径，效果如图 5-18 所示。使用矩形工具在页面上方绘制一个大小为 210mm×243mm 无填充颜色无描边矩形，使矩形正好能盖住彩带，同时选中彩带和矩形，单击鼠标右键，从快捷菜单中选择"建立剪切蒙版"命令，调整不透明度为"30%"，效果如图 5-19 所示。

图 5-16　　　　　　　　图 5-17　　　　　　　　图 5-18　　　　　　　　图 5-19

（4）绘制圆形装饰。

使用椭圆工具绘制一个 127mm×127mm 的正圆，填充颜色为深褐色（C：40，M：70，Y：100，K：50），描边颜色为浅褐色（C：30，M：50，Y：75，K：10），描边大小为"20pt"，效果如图 5-20 所示。

（5）添加素材。

将粉色樱花素材添加至圆形左上角，复制樱花装饰圆形右下角，并分别调整到合适大小，效果如图 5-21 所示。将春季促销素材添加到圆形装饰中，并分别调整大小，效果如图 5-22 所示。

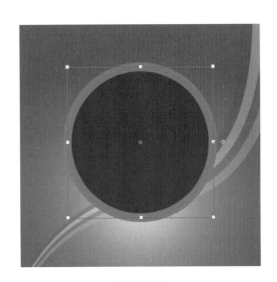

图 5-20　　　　　　　　　　图 5-21　　　　　　　　　　图 5-22

（6）绘制圆角矩形。

使用矩形工具绘制一个 42mm×17mm 的矩形，拖动矩形四角上的小圆点拉出圆角效果，如图 5-23 所示。水平复制两个圆角矩形并分别将三个圆角矩形填充为洋红色（C：0，M：100，Y：0，K：0）、青色（C：100，M：0，Y：0，K：0）、中黄色（C：0，M：35，Y：85，K：0），效果如图 5-24 所示。

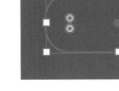

图 5-23

（7）添加文字。

字体选择"黑体"，输入文字"活动时间：2022 年 2 月 1 日—2022 年 2 月 5 日"、"活动期间，全场商品 7.5 折起"、"全店参与满减活动，进店可领取礼品一份"、"满 500 减 50"、"满 200 减 20"、"满 100 减 20"，字符颜色为白色，大小为"18pt"，并分别调整到合适的位置，效果如图 5-25 所示。

字体选择"黑体"，输入文字"春／季／上／新／爱／在／二／月"，字符颜色为白色，大小为"45pt"，
文字位于页面下方，效果如图5-26所示。

图 5-25

图 5-24

图 5-26

（8）添加雏菊画笔。

选择画笔工具，执行"窗口"—"画笔"命令，打开"画笔面板"，在画笔面板中单击"画笔库菜单"，
从中选择"图像画笔"—"图像画笔库"中的"雏菊－散落、雏菊－图稿"，如图5-27所示。

使用画笔工具在页面空隙位置绘制雏菊图案作为装饰，效果如图5-28所示。

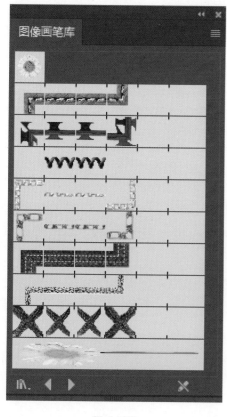

图 5-27

图 5-28

（9）储存文件。

执行"文件"—"存储"命令，在弹出的"存储为"对话框中选择文件存储位置，单击"保存"按钮，如图5-29所示。完成"春季促销海报设计"制作。

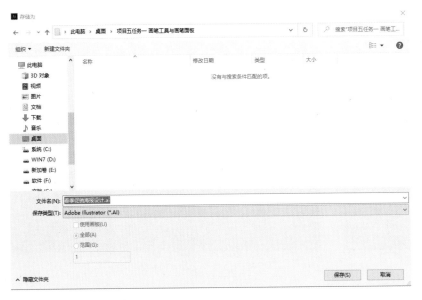

图 5-29

三、学习任务小结

本次任务主要讲解了在 Adobe Illustrator CC 2018 软件中使用画笔工具及画笔面板制作春季促销海报设计的方法和步骤。同学们掌握了海报设计的要素、制作常识以及画笔工具的使用方法。课后，同学们要进行多次练习，掌握便捷的操作方式，做到熟能生巧，提高画笔工具绘制的效率。

四、课后作业

题目：春季促销海报设计

要求：

（1）根据海报范例的素材重新进行"春季促销"海报设计；

（2）海报尺寸为 210mm×297mm；

（3）绘制完成后存储为 PDF 格式，并导出 JPEG 格式。

图案画笔和散点画笔

教学目标

（1）专业能力：掌握图案画笔和散点画笔的使用方法。

（2）社会能力：通过图案画笔和散点画笔的用法训练，提高画笔绘制能力。

（3）方法能力：能多看课件和视频，能认真倾听、多做笔记，能多问、多思、勤动手。

学习目标

（1）知识目标：掌握图案画笔和散点画笔的使用方式、绘制方法和绘制技巧。

（2）技能目标：能够进行图案画笔和散点画笔的技能实训。

（3）素质目标：具备严谨认真，一丝不苟的精神，能细致观察、自主学习、举一反三。

教学建议

1. 教师活动

（1）展示和分析前期收集的由图案画笔和散点画笔制作的设计案例，提高学生对图案画笔和散点画笔的认知。

（2）做教案课件分享成果，分解制作步骤，进行实例示范，指导学生完成海报设计。

（3）展示学生优秀的海报设计作品，让学生在欣赏中熟练运用图案画笔和散点画笔自主完成海报的设计制作。

2. 学生活动

（1）展示并讲解课堂实训海报作业，教师点评、学生互评与自评相结合。

（2）积极参与课堂提问与话题讨论，反复实践练习图案画笔和散点画笔操作命令。

一、学习问题导入

图案画笔和散点画笔是 Adobe Illustrator CC 2018 软件的重要工具，利用它们可以绘制各种精美的插画和图形，提升设计作品的艺术效果。本次任务我们来学习使用图案画笔和散点画笔。

二、学习任务讲解与技能实训

1. 图案画笔

在 Adobe Illustrator CC 2018 软件中，使用图案画笔可以将设置的图形应用到画笔中，或者沿路径绘制连续不断的花边和图形效果。工具箱中默认状态下为画笔工具，选定预设画笔库或自定义绘制图形并结合画笔面板，可以制作出不同的图案画笔效果，如图 5-30 所示。

先绘制出要新建的图案画笔的三个部分，并分别进行编组，如图 5-31 所示，分别将这三个部分拉入色板中，如图 5-32 所示。

点击画笔面板下方"新建画笔"命令，如图 5-33 所示。弹出"新建画笔"对话框，选择"图案画笔"，如图 5-34 所示。

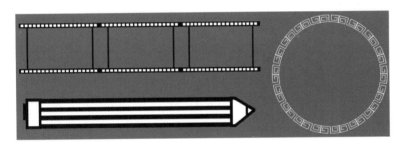

图 5-30

图 5-31

Adobe Illustrator CC 2018 软件应用

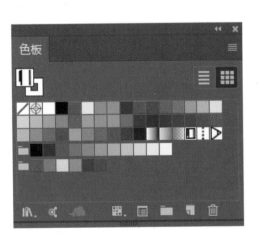

图 5-32

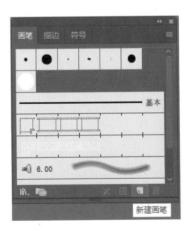

图 5-33

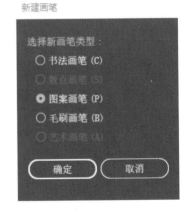

图 5-34

在弹出的"图案画笔"对话框中设置画笔名称、缩放、间距、拼贴方式（外角拼贴、边线拼贴、内角拼贴、起点拼贴和终点拼贴）、着色参数。点击"确定"即可在画笔面板中添加图案画笔，如图 5-35 所示。配合画笔工具或钢笔工具可绘制出各式各样的图形，如图 5-36 所示。

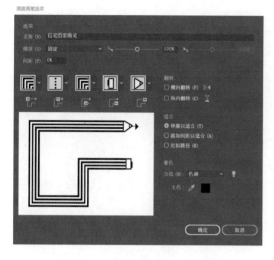

图 5-35

图 5-36

2. 散点画笔

在 Adobe Illustrator CC 2018 软件中，使用散点画笔可以将设置的图形应用到画笔中，或者沿路径绘制有规律或随机的图形效果。工具箱中默认状态下为画笔工具，选定预设画笔库或自定义绘制图形并结合画笔面板，可以制作出不同的图形画笔效果，如图 5-37 所示。

先绘制出要新建的散点画笔部分，如图 5-38 所示。点击画笔面板下方"新建画笔"命令，弹出"新建画笔"对话框，选择"散点画笔"，如图 5-39 所示。

在弹出的散点画笔对话框中可设置画笔名称、大小、间距、分布、旋转、着色参数。点击"确定"即可在画笔面板中添加图案画笔，如图 5-40 所示。

图 5-37

图 5-38

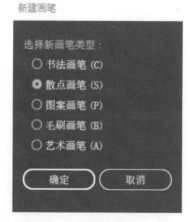

图 5-39

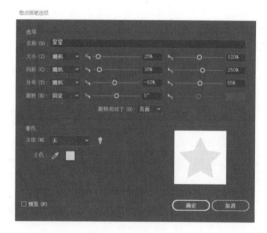

图 5-40

3. 图案画笔和散点画笔案例实训：海报制作

制作尺寸为 210mm×297mm 的海报设计作品，效果如图 5-41 所示。

（1）新建文档。

启动 Adobe Illustrator CC 2018 软件，执行"新建"文档命令。预设详细信息：标题为"双十一狂欢海报设计"，宽度为 210mm，高度为 297mm，出血为 0mm，色彩模式为 CMYK，分辨率为 300PPI。设置完成后单击"创建"按钮，如图 5-42 所示。

图 5-41

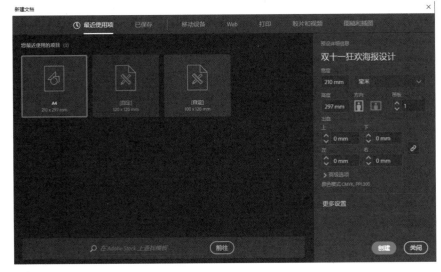

图 5-42

（2）置入素材。

打开"背景.png"文件，放置在页面中，并调整大小与位置，效果如图5-43所示。

打开"化妆品瓶子.png"文件，放置在页面中，并调整大小与位置，效果如图5-44所示。

（3）绘制边框装饰。

使用"钢笔工具"绘制单个图形装饰，颜色为白色（C：0，M：0，Y：0，K：0），无描边。效果如图5-45所示。

执行"窗口"—"画笔"打开"画笔面板"，点击下方"新建画笔"命令，弹出"新建画笔"对话框，选择"图案画笔"，在弹出的"图案画笔"对话框中设置画笔名称为"回形装饰"，外角拼贴为"自动切片"，边线拼贴为"原始"，参数设置如图5-46所示。单击"确定"按钮关闭对话框，在"画笔面板"中添加"回形装饰"画笔，如图5-47所示。

在页面中删除图形装饰。使用矩形工具绘制一个194mm×282mm的矩形放置在页面中，位置如图5-48所示。选中矩形，在"画笔面板"中选择新建的"图案画笔"—"回形装饰"，即可用该图案画笔描边路径，如图5-49所示。若要调整画笔，可双击"画笔面板"中的"回形装饰"画笔，打开"图形画笔选项"对话框，调整各参数数值。

（4）添加小圆点。

使用椭圆工具绘制一个直径为5mm的正圆形，填充为白色（C：0，M：0，Y：0，K：0），无描边颜色，效果如图5-50所示。

图 5-43　　　　　　　　　图 5-44

图 5-45

图 5-46

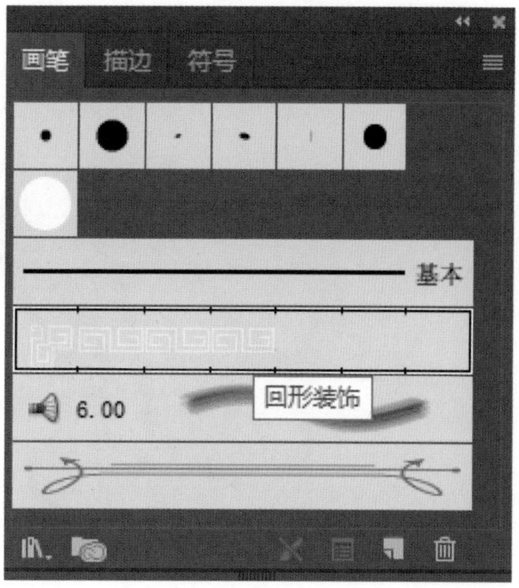

图 5-47

图 5-48

图 5-49

图 5-50

选中画好的正圆形，单击"画笔面板"下方的"新建画笔"按钮，弹出"新建画笔"对话框，选择"散点画笔"，在弹出的"散点画笔"对话框中设置画笔名称为"小圆点"，设置大小、间距、分布项为"随机"，参数设置如图 5-51 所示。单击"确定"按钮关闭对话框，在"画笔面板"中添加"小圆点"画笔，如图 5-52 所示。

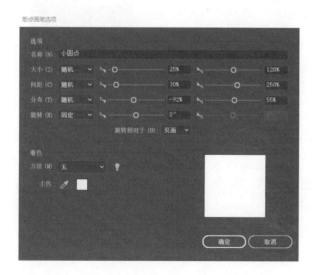

图 5-51

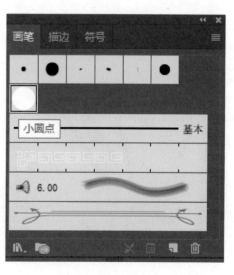

图 5-52

在页面中删除小圆点。使用钢笔工具沿着彩带绘制一条路径，如图 5-53 所示。选中路径，在"画笔面板"中选择新建的"散点画笔"—"小圆点"，即可用该散点画笔描边路径，如图 5-54 所示。

图 5-53   图 5-54

（5）绘制矩形。

使用矩形工具绘制一个 128mm×14mm 的矩形，填充渐变颜色橙色（C：0，M：28，Y：63，K：0）到白色（C：0，M：0，Y：0，K：0）再到橙色（C：0，M：28，Y：63，K：0）的三色渐变，无描边，并调整位置，效果如图 5-55 所示。

（6）添加文字。

选择"文字工具"，在"字符"面板上选择字体为黑体，字体大小为 33pt，颜色为深红色（C：15，M：100，Y：90，K：10），输入文字"双 11 狂欢"，文字位置如图 5-56 所示。

选择"文字工具"，在"字符"面板上选择字体为黑体，字体大小为 52pt，颜色为黑色（C：0，M：0，Y：0，K：100），输入文字"双 11 狂欢 钜惠开启"，文字位置如图 5-57 所示。

选择"文字工具"，在"字符"面板上选择字体为黑体，字体大小为 22pt，颜色为黑色（C：0，M：0，Y：0，K：100），输入文字"全场满 400 立减 60 上不封顶"，文字位置如图 5-58 所示。

选择"文字工具"，在"字符"面板上选择字体为黑体，字体大小为 18pt，颜色为灰色（C：0，M：0，Y：0，K：80），输入文字"活动时间：11 月 1 日 -11 月 11 日"，文字位置如图 5-59 所示。

图 5-55

图 5-56

图 5-57

图 5-58	图 5-59

（7）绘制剪切蒙版。

在画板上方绘制一个尺寸为 210mm×297mm 的矩形，按下 Ctrl+A 全选图形，右键点击"建立剪切蒙版"，完成后效果如图 5-60 所示。

（8）储存文件。

执行"文件"—"存储"命令，在弹出的"存储为"对话框中选择文件存储位置，单击"保存"按钮，如图 5-61 所示，完成"双十一狂欢"海报设计制作。

图 5-60	图 5-61

三、学习任务小结

本次任务主要讲解了在 Adobe Illustrator CC 2018 软件中使用图案画笔和散点画笔制作双十一狂欢海报的方法和步骤。同学们初步掌握了海报设计的构图、排版和图案画笔、散点画笔的使用方法。课后，同学们要针对本次课所学的知识点进行反复练习，熟练使用图案画笔及散点画笔。

四、课后作业

题目：双十一狂欢海报设计。

要求：

（1）根据上述海报范例的素材重新进行"双十一狂欢"海报设计；

（2）海报尺寸为 210mm×297mm；

（3）绘制完成后将文件存储为 PDF 格式，并导出 JPEG 格式。

符号面板和符号喷枪工具

教学目标

（1）专业能力：掌握符号面板和符号喷枪工具的使用方法。

（2）社会能力：具备一定的软件操作能力和艺术审美能力。

（3）方法能力：提高艺术表现能力，提高设计制作的效率和质量。

学习目标

（1）知识目标：了解符号面板和符号喷枪工具的相关知识和操作方法。

（2）技能目标：能熟练运用符号面板和符号喷枪工具制作图形。

（3）素质目标：具备一定的艺术表现能力和艺术审美能力。

教学建议

1. 教师活动

（1）展示和分析前期收集的由符号喷枪工具制作的平面设计案例，提高学生对符号喷枪工具的使用兴趣。

（2）做教案课件，分步骤讲解符号面板和符号喷枪工具的使用方法，指导学生完成海报设计案例实训。

（3）教师观察学生评价和学习过程，结合行业评价标准进行总结并提出改进建议。

2. 学生活动

（1）推选优秀的学生作业进行现场展示和讲解，训练语言表达能力和沟通协调能力，并采用多元化评价模式，将个人、小组和老师三方评价相结合，学生学会自我评价。

（2）积极参与课堂提问和技能实训，激发自主学习能力，能举一反三地运用符号面板和符号喷枪工具制作平面设计作品。

一、学习问题导入

符号面板和符号喷枪工具是 Adobe Illustrator CC 2018 软件的重要工具。符号喷枪工具可以制作很多唯美的背景画面，并自带丰富的符号库，节省绘制作品的时间。本次任务我们来学习符号面板和符号喷枪工具的使用方法。

二、学习任务讲解与技能实训

1. 符号工具

在 Adobe Illustrator CC 2018 软件中，使用符号工具组中的工具即可应用符号效果。工具箱中的符号工具默认状态下为符号喷枪工具，鼠标单击按住该工具会弹出符号工具组中的其他工具选项，如图 5-62 所示。使用不同的符号工具并结合符号面板，可以制作出不同的符号效果。

图 5-62

符号工具组各工具属性含义如下。

（1）符号喷枪工具：使用该工具在页面中单击或拖动鼠标，可以创建单个或者多个指定的符号，按住鼠标不放，绘制时间越长，绘制符号的数量就越多，如图 5-63 和图 5-64 所示。

图 5-63

图 5-64

（2）符号移位器工具：使用该工具可按住符号进行拖动，从而调整符号位置，如图 5-65 所示。

（3）符号紧缩器工具：使用该工具可改变符号的位置和密度，如图 5-66 所示。

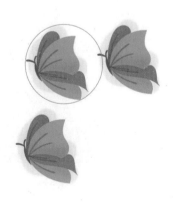

图 5-65

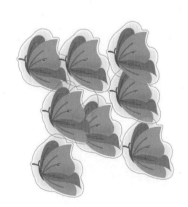

图 5-66

（4）符号缩放器工具 ：使用该工具单击指定符号可改变符号，拖动鼠标可放大或缩小符号。按住 Alt 键的同时单击可缩小符号；按住 Shift 键的同时并单击可等比例缩放，如图 5-67 所示。

（5）符号旋转器工具 ◉：使用该工具在符号上按住鼠标左键不放进行拖动，可对符号进行旋转，如图 5-68 所示。

（6）符号着色器工具 ✎：使用该工具可以配合拾色器或色板面板，修改符号颜色，单击符号次数越多，则注入符号中的颜色越多，如图 5-69 所示。

（7）符号滤色器工具 ◉：使用该工具单击符号可改变符号透明度，单击次数越多，符号越透明，如图 5-70 所示。

（8）符号样式器工具 ✿：使用该工具结合"图层样式"面板，将指定的图形样式应用到指定的符号中，如图 5-71 所示。

| 图 5-67 | 图 5-68 | 图 5-69 |

图 5-70

图 5-71

2. 符号面板

符号面板用于载入符号、创建符号、应用符号和编辑符号。执行"窗口"—"符号"命令，即可打开"符号面板"，如图 5-72 所示。

符号工具选项对话框属性含义如下。

（1）符号库菜单：提供丰富的符号库供用户使用，单击此按钮，可以打开符号库菜单，从中选择预设的符号库或者自定义符号库及保存符号。

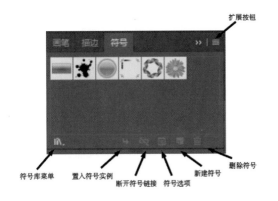

图 5-72

（2）置入符号实例：用于将选定的符号置入实例中。

（3）断开符号链接：断开选定符号的链接，将符号转换成路径。

（4）符号选项：在页面中选择符号，单击此按钮可弹出"符号选项"对话框，在对话框内可设置符号的名称、类型等属性。

（5）新建符号：将选定的对象作为符号创建到符号面板中。

（6）删除符号：用于删除选定的符号。

（7）扩展按钮：单击可打开扩展菜单，选择需要的命令。

3. 符号面板与符号喷枪工具案例实训：海报设计

制作尺寸为 210mm×297mm 的寿司海报，如图 5-73 所示。

（1）新建文档。

启动 Adobe Illustrator CC 2018 软件，执行"新建"文档命令。预设详细信息：名称为"好味屋寿司主题餐厅海报设计"，宽度为 210mm，高度为 297mm，出血为 0mm，色彩模式为 CMYK，分辨率为 300PPI。设置完成后单击"创建"按钮，如图 5-74 所示。

图 5-73

图 5-74

（2）绘制背景。

使用矩形工具绘制一个与页面同样大小的矩形，填充为深蓝色（C：94，M：90，Y：63，K：47），选择矩形执行"对象"—"锁定"—"所选对象"命令进行锁定，如图 5-75 所示。

使用钢笔工具绘制一个三角形，如图 5-76 所示。选择旋转工具，按住 Alt 键把中心点移至下面尖端处，松开鼠标弹出"旋转"对话框，设置角度为 15°，按下"复制"按钮复制对象，如图 5-77 所示。

按 Ctrl+D 键多次复制三角形，并按 Ctrl+G 键编组，使用矩形工具在页面上方绘制一个大小为 210mm×297mm 的矩形，无填充颜色，无描边，调整位置，同时选中编组的旋转图形和矩形，单击鼠标右键，从快捷菜单中选择"建立剪切蒙版"命令，并调整不透明度为 5%，放在深蓝色背景上，效果如图 5-78 所示。

图 5-75　　　　图 5-76　　　　　　　图 5-77　　　　　　　　　图 5-78

（3）置入素材。

打开"浪花 .png"文件，放置在页面下方，并调整大小与位置，效果如图 5-79 所示。

（4）绘制图形。

使用圆角矩形工具绘制一个 154mm×52mm 的圆角矩形，填充颜色橙色（C：7，M：47，Y：72，K：0），无描边，拖动矩形四角上的小圆点拉出圆角效果。按住 Alt+Shift 键等比例缩小并复制一个圆角矩形，执行"窗口"—"路径查找器"，弹出"路径查找器"对话框，选择"减去顶层"按钮，效果如图 5-80 所示。

使用椭圆工具绘制一个 62mm×62mm 的正圆形，填充颜色为橙红色（C：14，M：82，Y：81，K：0），无描边，并调整位置，效果如图 5-81 所示。使用圆角矩形工具绘制一个 72mm×11mm 的圆角矩形，填充颜色为橙色（C：10，M：70，Y：91，K：0），无描边，并调整位置，效果如图 5-82 所示。

选择"钢笔工具"在太阳周围绘制白云，填充颜色为白色（C：0，M：0，Y：0，K：0），无描边，效果如图 5-83 所示。

图 5-79

选择椭圆工具在太阳和框周围随机绘制白色椭圆装饰，填充颜色为白色（C：0，M：0，Y：0，K：0），无描边，效果如图 5-84 所示。

使用矩形工具绘制一个 164mm×34mm 的矩形，填充颜色为蓝色（C：92，M：67，Y：33，K：0），描边颜色为白色（C：0，M：0，Y：0，K：0），描边大小为 5pt，效果如图 5-85 所示。使用直线工具在矩形框内绘制两条高 28mm 的直线，描边大小为"2pt"。如图 5-86 所示。

102

图 5-80

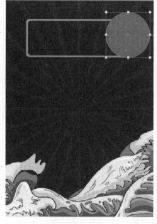
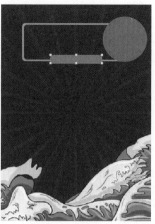

图 5-81　　　　　　　　图 5-82　　　　　　　　图 5-83

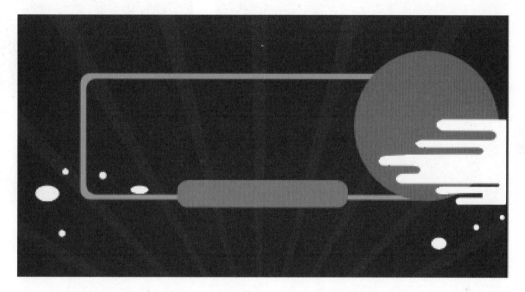

图 5-84

图 5-85　　　　　　　　　　　图 5-86

（5）喷制寿司符号图形。

点击工具箱上的"符号喷枪工具"，执行"窗口"—"符号"，打开"符号面板"，在符号面板中单击"符号库菜单"，选择"寿司"图片，如图 5-87 所示。

使用符号喷枪工具喷绘寿司图形，点击"符号"面板上"断开符号链接"按钮，再点击鼠标右键取消所有编组，把寿司底部碟子及装饰去除，效果如图 5-88 所示。

调整寿司符号的位置与大小，效果如图 5-89 所示。

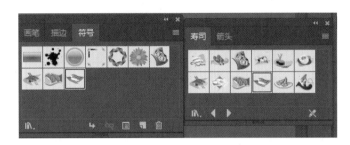

图 5-87

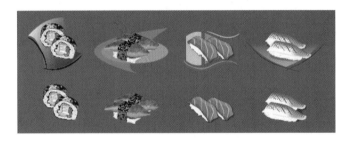

图 5-88

图 5-89

（6）添加文字。

选择"文字工具"，在"字符"面板上选择字体为"华文琥珀"，字体大小为"80pt"，颜色为白色（C：0，M：0，Y：0，K：0），输入文字"美味寿司"，将文字放置于画板上方的镂空圆角矩形上，如图 5-90 所示。

选择"文字工具"，在"字符"面板上选择字体为"黑体"，字体大小为"16pt"，颜色为白色（C：0，M：0，Y：0，K：10），输入文字"全场特惠 7.8 折起"，将文字放置于画板上方的圆角矩形上。如图 5-91 所示。

选择"文字工具"，在"字符"面板上选择字体为"黑体"，字体大小为"17pt"，颜色为橙色（C：8，M：72，Y：87，K：0），输入文字"鳗鱼寿司""杂锦手卷寿司""小肌寿司"，如图 5-92 所示。

选择"文字工具"，在"字符"面板上选择字体为"黑体"，字体大小为"10pt"，颜色为白色（C：0，M：0，Y：0，K：0），输入文字"Unagi Sushi""Futo Sushi""Kohada Sushi"，如图 5-93 所示。

选择"文字工具"，在"字符"面板上选择字体为"黑体"，字体大小为"10pt"，颜色为白色（C：0，M：0，Y：0，K：0），输入文字"特价 15 元，每 / 人 / 限 / 两 / 份""特价 10 元，不 / 限 / 量""特价 25 元，每 / 人 / 限 / 一 / 份"。

图 5-90

图 5-91

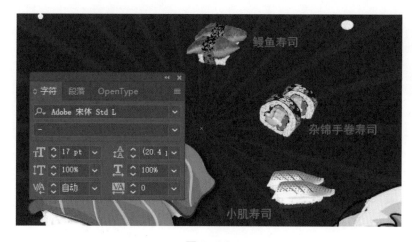
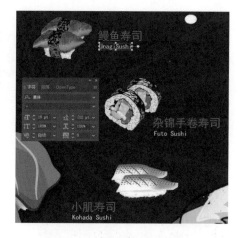

图 5-92   图 5-93

其中设置价格文字"15""10""25"字体大小为"18pt"，颜色改为红色（C：0，M：96，Y：95，K：0），效果如图 5-94 所示。

选择"钢笔工具"在图 5-95 的上方绘制两条弯曲的路径，无填充，无描边。选择"文字工具"，在"字符"面板上选择字体为"华文琥珀"，字体大小为"20pt"，颜色为橙色（C：8，M：72，Y：87，K：0），点击上方曲线输入文字"镇店之宝：蓝鳍金枪鱼"。选择"文字工具"，在字符面板上选择字体为"黑体"，字体大小为"13pt"，填充颜色为白色（C：0，M：0，Y：0，K：0），点击下方曲线输入文字"每日限定100份，卖完即止"，如图 5-96 所示。

选择"文字工具"，在"字符"面板上选择字体为"黑体"，字体大小为"18pt"，填充颜色为白色（C：0，M：0，Y：0，K：0），输入文字"好味屋寿司主题餐厅""地址　海逸大厦5楼""预定热线86-882888"，如图 5-97 所示。

（7）添加二维码。

打开"二维码 .jpg"文件，放置在蓝色矩形框右方，并调整大小与位置，如图 5-98 所示。

（8）绘制剪切蒙版。

点击菜单栏上的"对象"—"全部解锁"，快捷键为 Alt+Ctrl+2，解锁背景图层。在画板上方绘制一个尺寸为 210mm×297mm 的矩形，按下 Ctrl+A 键全选图形，右键点击"建立剪切蒙版"，效果如图 5-99 所示。

（9）储存文件。

执行"文件"—"存储"命令，在弹出的"存储为"对话框中选择文件存储位置，单击"保存"按钮，如图 5-100 所示，完成"好味屋寿司主题餐厅"海报设计制作。

图 5-94   图 5-95   图 5-96

图 5-97   图 5-98

图 5-99   图 5-100

三、学习任务小结

本次任务主要讲解了用符号面板和符号喷枪工具制作好味屋寿司主题餐厅海报的方法与步骤。同学们基本掌握了海报设计的构图、排版以及符号工具的使用方法。课后，同学们要进行多次练习，熟练使用符号库，提高符号工具使用的效率。

四、课后作业

题目："好味屋寿司主题餐厅"海报设计。

要求：

（1）根据上述海报范例的素材重新设计"好味屋寿司主题餐厅"海报。

（2）海报尺寸为 210mm×297mm；

（3）绘制完成后存储为 PDF 格式，并导出 JPEG 格式。

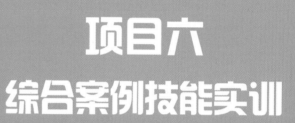

项目六
综合案例技能实训

学习任务 一

标志设计案例实训

教学目标

（1）专业能力：能应用 Adobe Illustrator CC 2018 软件进行标志设计。

（2）社会能力：具备一定的标志设计创意能力和艺术审美能力。

（3）方法能力：创意思维能力、软件操作能力。

学习目标

（1）知识目标：掌握应用 Adobe Illustrator CC 2018 软件进行标志设计的方法。

（2）技能目标：能应用 Adobe Illustrator CC 2018 软件制作出各种风格的标志设计作品。

（3）素质目标：培养学生观察生活、感受设计美的能力。

教学建议

1. 教师活动

（1）语言表达清晰，细致讲解应用 Adobe Illustrator CC 2018 软件进行标志设计的方法。

（2）现场示范应用 Adobe Illustrator CC 2018 软件设计标志，并指导学生进行技能实训。

2. 学生活动

认真观看教师现场示范应用 Adobe Illustrator CC 2018 软件设计标志的方法和步骤，并在教师的指导下进行技能实训。

一、学习问题导入

标志（logo）是品牌形象的核心，是表明事物特征的识别符号。标志以单纯、显著、易识别的形象、图形或文字符号为形式语言，具有表达意义、情感和内涵的作用，承载了企业的文化精神和市场价值。本次任务，我们一起来学习利用 Adobe Illustrator CC 2018 软件设计标志的方法和步骤。

二、学习任务讲解与技能实训

本次实训以德昇建筑材料公司标志设计为例讲解。

本案例将使用钢笔工具、文字工具、选择工具、参考线等进行设计，最终效果如图 6-1 所示。

图 6-1

1. 调研分析

对企业做全面深入的了解，收集参考图，进行设计方案构思，如图 6-2 所示。

图 6-2

2. 要素挖掘

依据对调查结果的分析，提炼出标志的结构类型和色彩取向，列出标志要体现的企业精神，挖掘相关的图形元素，如图 6-3 所示。

字母D

字母S

安全、坚固

图 6-3

3. 设计制作

（1）绘制辅助参考线，设置 logo 的标准制图，如图 6-4 所示。

（2）用钢笔工具勾勒出字母 D 和 S 的形状，如图 6-5 所示。

（3）填充合适的颜色，如图 6-6 所示。

（4）用矩形工具绘制文字，注意笔画粗细要一致，如图 6-7 所示。

（5）最终效果图如图 6-8 所示。

图 6-4

图 6-5

图 6-6

图 6-7

图 6-8

三、学习任务小结

本次任务主要讲解了标志设计的方法和步骤，同学们熟悉了标志制作的流程和方法。课后，同学们要进行反复实操练习，掌握其中技巧，加深对知识点的理解。

四、课后作业

应用 Adobe Illustrator CC 2018 软件制作以下标志，如图 6-9 ～图 6-13 所示。

图 6-9

图 6-10

图 6-11

图 6-12

图 6-13

学习任务

二

字体设计案例实训

教学目标

（1）专业能力：掌握应用 Adobe Illustrator CC 2018 软件进行字体设计的方法。

（2）社会能力：具备一定的字体设计能力和艺术审美能力。

（3）方法能力：软件操作能力、艺术思维能力。

学习目标

（1）知识目标：掌握应用 Adobe Illustrator CC 2018 软件进行字体设计的方法和步骤。

（2）技能目标：能应用 Adobe Illustrator CC 2018 软件进行创意字体设计。

（3）素质目标：具备一定的书法功底和字体书写能力。

教学建议

1. 教师活动

教师讲解和示范应用 Adobe Illustrator CC 2018 软件进行字体设计的方法和步骤，并指导学生进行字体设计技能实训。

2. 学生活动

聆听教师讲解和示范应用 Adobe Illustrator CC 2018 软件进行字体设计的方法和步骤，并在教师的指导下进行字体设计技能实训。

一、学习问题导入

字体是平面设计的重要组成部分。字体设计的美观程度直接影响平面设计的最终效果。汉字是方块字，注重结构和笔画。如图 6-14 和图 6-15 所示，具有书法韵味的字体设计能体现浓厚的文化底蕴。

图 6-14

图 6-15

二、学习任务讲解与技能实训

本次实训案例讲解"加油鸭"字体设计的流程。

本次任务将使用钢笔工具、文字工具、选择工具等进行卡通字体设计与制作，最终效果如图 6-16 所示。

图 6-16

（1）选择"文件"—"新建"命令或按 Ctrl+N 组合键新建一个文档，具体参数设置如图 6-17 所示。

（2）单击工具箱中的"文字工具"按钮，选择一个卡通字体，打出"加油鸭"三个字，如图 6-18 所示。

（3）选择工具箱中的"钢笔工具"，按照字体初步勾勒出字形，根据需要把某些笔画用椭圆形代替，如图 6-19 所示。

（4）执行"对象"—"扩展"命令，把路径转换成矢量图形，并根据自己的想法使用"直接选择工具"调整细节，让笔画呈现有粗有细的状态，如图 6-20 所示。

（5）将颜色设置成黄色，参数设置如图 6-21 所示。

（6）在设计中加入一些设计创意。把其中一些笔画用图形代替，如图 6-22 所示。

（7）加入英文字体点缀，如图 6-23 所示。

图 6-17

图 6-18

图 6-19

图 6-20

图 6-22

图 6-21

图 6-23

项目
六

综合案例技能实训

113

（8）把设计好的字体导入 Photoshop 中，把背景色改成棕色，如图 6-24 所示。

（9）给字体部分添加图形样式"描边"和"投影"，具体参数设置如图 6-25 和图 6-26 所示。

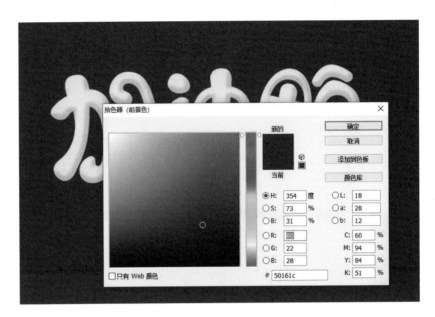

图 6-24

图 6-25

图 6-26

三、学习任务小结

通过本次任务的讲解，同学们初步掌握了应用 Adobe Illustrator CC 2018 软件进行字体设计的方法和步骤。同学们要熟悉字体制作的流程和方法，巩固 Adobe Illustrator CC 2018 软件的操作技巧，加深对知识点的理解。

四、课后作业

应用 Adobe Illustrator CC 2018 软件制作以下字体，如图 6-27 ～图 6-30 所示。

图 6-27

图 6-28

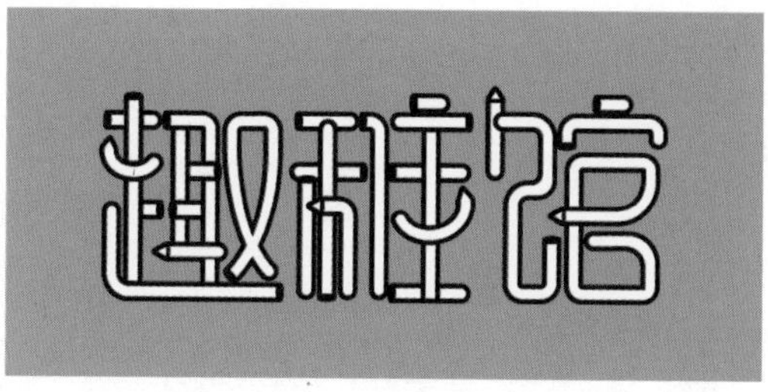

图 6-29

图 6-30

学习任务 三

书籍封面设计案例实训

教学目标

（1）专业能力：能应用 Adobe Illustrator CC 2018 软件设计书籍封面。

（2）社会能力：具备一定的书籍装帧设计能力和艺术审美能力。

（3）方法能力：具备一定的字体设计、图形设计和色彩搭配能力，以及艺术思维能力。

学习目标

（1）知识目标：掌握应用 Adobe Illustrator CC 2018 软件设计书籍封面的方法和步骤。

（2）技能目标：能熟练运用 Adobe Illustrator CC 2018 软件设计书籍封面。

（3）素质目标：具备一定的书籍封面设计鉴赏能力。

教学建议

1. 教师活动

（1）教师前期收集各种不同类型的书籍封面设计案例，采用图片讲解的形式提高学生对书籍封面设计的直观认知。

（2）运用 Adobe Illustrator CC 2018 软件示范书籍封面设计的制作要点，指导学生完成书籍的封面设计。

（3）展示学生优秀的书籍封面设计作品，让学生学习优秀作品的设计，并能熟练运用 Illustrator 软件完成封面设计的制作。

2. 学生活动

（1）观看教师示范应用 Adobe Illustrator CC 2018 软件设计书籍封面的方法和步骤，并在教师的指导下进行书籍封面设计技能实训。

（2）积极参与课堂提问与课堂实训，归纳和总结应用 Adobe Illustrator CC 2018 软件设计书籍封面的技巧。

一、学习问题导入

书籍装帧样式丰富多样，其中，书籍的封面设计是书籍装帧设计的重点。书籍的封面设计要素有哪些？如何应用 Adobe Illustrator CC 2018 软件进行书籍封面设计？

二、学习任务讲解与技能实训

在书籍设计领域中，从文稿到成书出版的设计过程被称为书籍装帧设计。只完成封面或版式等部分设计的，称作书籍封面设计。书籍封面是一本书的正面，也称封一、前封面、封皮，上面印有书名、作者或编译者名、出版社等信息。封面的形式要素包括文字和图形两部分。封面上的文字一般较为简练、醒目，文字内容主要有书名（包括丛书名、副书名）、作者名、出版社名等。若封面上没有作者名和出版社名，则可以将它们安排在书脊上。书脊的厚度由书芯、书封纸张厚度和胶黏厚度三个部分组成。

本次实训以书籍封面设计为例讲解。

1. 设计要求

制作尺寸为 210mm×285mm 的书籍封面，书脊为 10mm。制作文档时需要增加书籍尺寸，因此，文档的尺寸为 430mm×285mm，如图 6-31 所示。

图 6-31

项目六

综合案例技能实训

2. 制作步骤

（1）新建文档。

启动 Adobe Illustrator CC 2018 软件，执行"新建"文档命令，预设详细信息：标题为"书籍封面设计"，宽度为 430mm，高度为 285mm，出血为 3mm，色彩模式为 CMYK，分辨率为 300PPI。设置完成后单击"创建"按钮，如图 6-32 所示。

（2）新建参考线。

分别在 X 轴的 220mm 与 230mm 处新建两条参考线，效果如图 6-33 所示。

（3）绘制矩形。

在画板左侧绘制一个尺寸为 213mm×291mm 的矩形，填充色的色值为（C：80，M：5，Y：30，K：0），作为书籍封底。在画板中间绘制一个尺寸为 10mm×291mm 的矩形作为书脊，填充色的色值为（C：80，M：5，Y：30，K：20）。效果如图 6-34 所示。

图 6-32

图 6-33

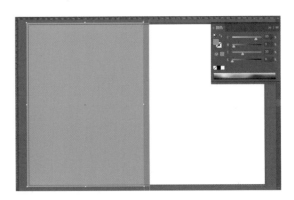

图 6-34

（4）置入图片。

分别置入封面、封底的图片素材，按住 Shift 键调整图片尺寸，并放置在合适的位置，效果如图 6-35 所示。完成后点击控制面板中的"嵌入"按钮。

（5）绘制圆角六边形。

使用工具箱中的多边形工具绘制一个六边形，在控制面板中点开"形状"面板，将多边形角度调整为 250°，边角类型为圆角，尺寸为 20mm，多边形半径为 100mm，边长为 100mm；设置完参数后将六边形放置于画板右上方，并有部分位于出血位外，效果如图 6-36 所示。

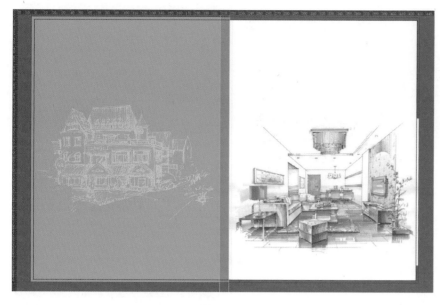

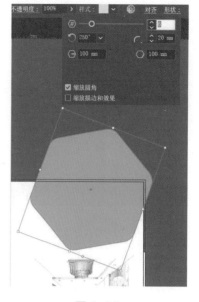

图 6-35   图 6-36

（6）添加出版社素材。

将横版出版社素材添加至封面正下方，将竖版出版社素材添加至书脊下方，并分别调整到合适大小，效果如图 6-37 所示。

（7）添加条形码。

在封底的右下方绘制一个尺寸为 50mm×36mm 的矩形，并填充为白色，在矩形上方添加条形码素材，效果如图 6-38 所示。

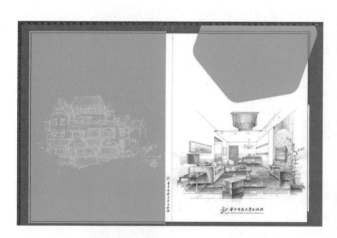

图 6-37   图 6-38

（8）添加文字。

选择"方正流行体简体"，输入文字"手绘印象"，字符颜色为白色，大小为"80pt"，水平缩放为110%，其中"手绘"二字设置基线偏移"20pt"，将文字放于画板右上方，效果如图 6-39 所示。

选择"华文新魏"，输入文字"室内设计手绘技法精解"，字符颜色设为白色，大小为"40pt"，文字位于"手绘印象"下方，效果如图 6-40 所示。

选择"黑体"，输入文字"张山 李世 编著"，字符颜色为黑色，大小为"15pt"，文字位于"室内设计手绘技法精解"下方，效果如图 6-41 所示。

项目六
综合案例技能实训

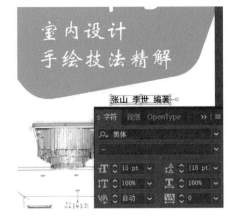

图 6-39 图 6-40 图 6-41

根据封面文字字体，将"手绘印象"、"室内设计手绘技法精解"分别设置为直排文字，"手绘印象"字符大小为"22pt"，"室内设计手绘技法精解"字符大小为"20pt"，居中放置在书脊，效果如图 6-42 所示。

将封面的标题文字复制到封底的左上方，并将"手绘印象"字符大小调整为"50pt"，"室内设计手绘技法精解"字符大小调整为"25pt"。效果如图 6-43 所示。

选择"黑体"，输入文字"线稿绘制 上色技法 配景训练 效果图训练 作品赏析"，字符颜色为白色，大小为"14pt"，行距为"24pt"，文字位于标题文字的右侧，并在每行文字前添加一个星形图案，效果如图 6-44 所示。

选择"黑体"，输入文字"策划编辑：王武 责任编辑：赵柳 封面设计：孙齐""定价：58.00 元"，字符颜色为黑色，大小为"12pt"，行距为"18pt"，文字位于条形的下方，效果如图 6-45 所示。

图 6-42

图 6-43

图 6-44

图 6-45

（9）制作剪切蒙版。

使用矩形工具，沿出血位绘制矩形，尺寸为 436mm×291mm，按 Ctrl+A 键全选图形后单击鼠标右键"创建剪切蒙版"，完成后效果如图 6-46 所示。

（10）存储文件。

执行"文件"—"存储"命令，在弹出的"存储为"对话框中选择文件存储位置，单击"保存"按钮，如图 6-47 所示。完成书籍封面设计制作。

图 6-46   图 6-47

三、学习任务小结

本次任务主要讲解了使用 Adobe Illustrator CC 2018 软件制作书籍封面的方法和步骤以及书籍封面的设计要素与制作常识。课后，同学们要针对本次任务所学命令和操作进行反复练习，做到熟能生巧，提高软件绘制的效率。

四、课后作业

题目：《手绘印象 室内设计手绘技法精解》封面设计。

要求：

（1）根据书籍封面范例的素材重新设计《手绘印象 室内设计手绘技法精解》封面；

（2）书籍尺寸调整为 185mm×260mm，书脊为 12mm；

（3）绘制完成后存储为 PDF 格式，并导出 JPEG 格式。

学习任务

四

POP 海报设计案例实训

教学目标

（1）专业能力：掌握应用 Adobe Illustrator CC 2018 软件制作 POP 海报的方法和步骤。

（2）社会能力：具备一定的 POP 海报设计与制作能力以及艺术审美能力。

（3）方法能力：软件操作能力、艺术思维能力和艺术表现能力。

学习目标

（1）知识目标：掌握应用 Adobe Illustrator CC 2018 软件制作 POP 海报的方法和主要命令。

（2）技能目标：能运用 Adobe Illustrator CC 2018 软件，结合设计要求设计与制作 POP 海报。

（3）素质目标：具备一定的 POP 海报设计鉴赏能力。

教学建议

1. 教师活动

（1）教师前期收集各种不同类型的 POP 海报设计案例，采用图片讲解的形式提高学生对 POP 海报设计的直观认知。

（2）运用 Adobe Illustrator CC 2018 软件示范 POP 海报设计的制作要点，指导学生完成 POP 海报的设计。

（3）展示学生优秀的 POP 海报设计作品，让学生感受优秀作品的设计，并能熟练运用 Adobe Illustrator CC 2018 软件自主完成 POP 海报的设计制作。

2. 学生活动

（1）学生认真观看教师示范应用 Adobe Illustrator CC 2018 软件制作 POP 海报的方法和步骤，并在教师的指导下进行 POP 海报制作技能实训。

（2）积极参与课堂提问和课堂实训作业点评，提高 POP 海报设计的艺术鉴赏能力。

一、学习问题导入

POP 广告是超市、卖场和购物商场用于商品促销的广告表现形式。本次任务我们一起来学习应用 Adobe Illustrator CC 2018 软件制作 POP 海报的方法和步骤。

二、学习任务讲解与技能实训

所有在零售店面内外，能帮助促销的广告物，或其他提供有关商品情报、服务、指示、引导等标示的，都可称为 POP 广告。POP 广告常用于短期促销，其表现形式夸张幽默，色彩强烈，能有效地吸引顾客的视点、激发购买欲，它作为一种低价高效的广告方式已被广泛应用，可以称作"最贴心的传播者"。

本次任务以 POP 海报设计为例讲解操作步骤。

设计尺寸为 275mm×390mm 的 POP 海报，制作步骤如下。

（1）新建文档。

启动 Adobe Illustrator CC 2018 软件，执行"新建"文档命令。预设详细信息：标题为"POP 海报"，宽度为 275mm，高度为 390mm，出血为 3mm，色彩模式为 CMYK，PPI 为 300。设置完成后单击"创建"按钮，如图 6-48 所示。

（2）绘制背景图案。

使用椭圆工具绘制一个 45mm×45mm 的正圆，在圆中心绘制一个 15mm×15mm 的正圆，两个圆均填充为暗红色（C：15，M：100，Y：90，K：10），描边色为（C：0，M：5，Y：15，K：0），描边宽度为"3pt"，如图 6-49 所示。

双击工具箱中的"混合工具"，打开"混合选项"。间距："指定的步数"为"3"，取向为"对齐路径"，点击"确定"，如图 6-50 所示。

图 6-48

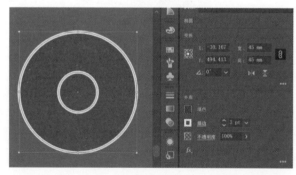

图 6-49

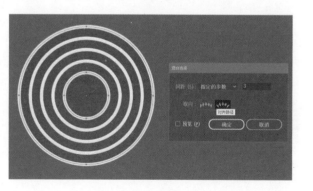

图 6-50

选择混合图形，点击菜单栏中的"对象"—"图案"—"建立"，将新图案添加到"色板"面板中。打开"图案选项"对话框，编辑名称为"海浪纹"，拼贴类型为"砖形（按行）"，砖形位移为1/2，宽度为42mm，高度为15mm，份数为9×9。在标题栏下方点击"完成"，如图6-51所示。

选择工具箱中的"矩形工具"，在画板上绘制一个281mm×396mm的矩形，填充颜色为淡黄色（C：0，M：5，Y：15，K：0）；在淡黄色矩形上方再绘制一个同样的矩形，点击"色板"面板中的海浪纹填充颜色，并将不透明度调整为10%，选择两个矩形，按Ctrl+2锁住背景图层，完成背景图案制作，效果如图6-52所示。

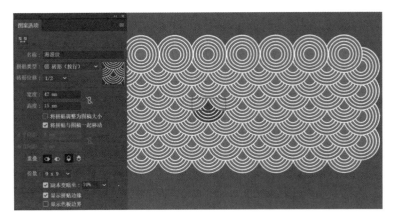
图 6-51

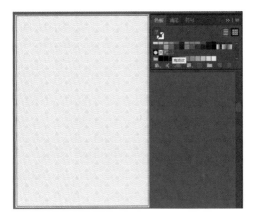
图 6-52

（3）绘制图形。

在画板上方用钢笔工具绘制曲线形状的图形，并填充颜色为红色（C：8，M：100，Y：70，K：0），如图6-53所示。

图 6-53

（4）置入素材。

打开"标志与扇子.ai"文件，多次复制扇子，将其放在画板下方，并调整扇子大小与位置，调整完成后选中所有扇子，打开"菜单"—"滤镜"—"风格化"—"投影"，打开"投影"面板，将X位移调整为2mm，Y位移调整为2mm，模糊调整为2mm，颜色为暗红色（C：50，M：90，Y：90，K：50）。具体如图6-54所示。将标志复制到曲线图形上方，并调整到合适大小，如图6-55所示。

（5）绘制标语。

点击工具箱上的"文字工具"，在"字符"面板上选择字体为"Arial Black"，字体大小为"150pt"，垂直缩放为200%，分别输入数字10、1；选择字体为"方正超粗黑简体"，字体大小为"120pt"，垂直缩放为150%，输入文字"约惠"；将字体大小改为"76pt"后，输入文字"提前放价"；将字体大小改为"100pt"后，输入"！"。将所有文字颜色调整为红色（C：8，M：100，Y：70，K：0），将文字移动到合适位置，效果如图6-56所示。

选择"星形工具"绘制一个星形，半径1为12mm，半径2为5mm，角点数为5，颜色为红色（C：8，M：100，Y：70，K：0），放置在文字"10"与"1"的中间。全选标题文字与星形，双击工具箱上的"倾斜工具"，将倾斜角度设置为-170°，轴选择"水平"，点击"确定"按钮，效果如图6-57所示。

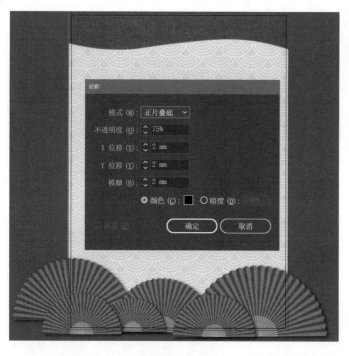

图 6-54

图 6-55

图 6-56

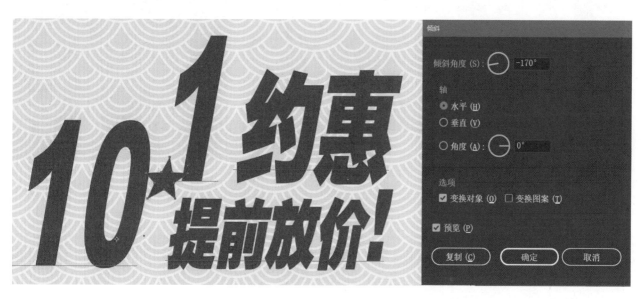

图 6-57

选择"钢笔工具"在文字周围绘制几个三角形,颜色为红色(C: 8, M: 100, Y: 70, K: 0),效果如图 6-58 所示。

选择"星形工具"绘制两个五角星,不填色,描边大小为"5pt",颜色为红色(C: 8, M: 100, Y: 70, K: 0),旋转角度,放置在文字"10"与"1"的下方,点击菜单栏上的"对象"—"扩展",将星形扩展为图形。

选择"钢笔工具"在文字下方绘制一条曲折线,描边大小为"16pt",颜色为红色(C: 8, M: 100, Y: 70, K: 0),端点为方头端点,边角为"斜角连接",配置文件为"宽度配置文件 1",参数如图 6-59 所示。完成后点击菜单栏上的"对象"—"扩展外观",将曲折线扩展为图形。

全选标题图形和文字按 Crtl+G 完成编组,按 Ctrl+C 复制图形后,再按 Ctrl+B 键贴在后面,将后一层图形颜色调整为棕色(C: 40, M: 70, Y: 100, K: 50),并向右下方微微调整位置,完成效果如图 6-60 所示。

图 6-58   图 6-59

图 6-60

（6）添加文字。

选择"文字工具"，在"字符"面板上选择字体为"黑体"，字体大小为"35pt"，颜色为白色，输入文字"十一放价疯狂钜惠"，将文字放置于画板上方的红色曲线上。

将字体大小调整为"60pt"，颜色为暗红色（C：15，M：90，Y：70，K：5），输入文字"多款品牌低至 5 折起"；将字体大小改为"48pt"，输入文字"更有好礼相送"；将字体大小改为"36pt"，输入文字"活动时间：9 月 30 日至 10 月 7 日"，单独选择"5"字，将大小调整为"100pt"，颜色为黄色（C：0，M：35，Y：85，K：0）。

全选三行暗红色文字，在对齐面板中选择水平居中对齐画板，复制图形后，贴在后面，将后一层图形颜色调整为棕色（C：40，M：70，Y：100，K：50），并向右下方微微调整位置。完成效果如图 6-61 所示。

（7）绘制剪切蒙版。

点击菜单栏上的"对象"—"全部解锁"，快捷键 Alt+Ctrl+2，解锁背景图层。在画板上方绘制一个尺寸为 281mm×396mm 的矩形，全选所有图形，右键点击"建立剪切蒙版"，完成后效果如图 6-62 所示。

（8）存储文件。

执行"文件"—"存储"命令，在弹出的"存储为"对话框中选择文件存储位置，单击"保存"按钮。

图 6-61   图 6-62

三、学习任务小结

本次任务主要讲解了使用 Adobe Illustrator CC 2018 软件制作 POP 广告的方法和步骤，并通过实训练习同学们掌握了书籍封面的设计要素与制作技巧。课后，同学们要对本次任务所学技能进行反复练习，提高软件绘制的效率。

四、课后作业

题目："新艺电器城 十一约惠"POP 海报设计。

要求：

（1）根据 POP 海报范例的素材重新设计"新艺电器城 十一约惠"POP 海报；

（2）POP 海报尺寸调整为 185mm×260mm；

（3）绘制完成后存储为 PDF 格式，并导出 JPEG 格式。

参考文献

[1] 汪可，许歆云 .Adobe Illustrator CC 课堂实录 [M]. 北京：清华大学出版社，2021.

[2] 苏雪 . Adobe Illustrator CC 图形设计与制作 [M]. 北京：北京希望电子出版社，2021.

[3] 岳梦雯 . Adobe Illustrator CC 图形设计实训课堂 [M]. 北京：北京师范大学出版社，2019.

[4] 王琦 . Adobe Illustrator 2020 基础培训教材 [M]. 北京：人民邮电出版社，2021.

[5] 王莹莹，洪婵，徐赫楠 . Adobe Illustrator CC 平面设计经典课堂 [M]. 北京：清华大学出版社，2019.